层次结构合作博弈的单值解

李登峰　胡勋锋　著

科 学 出 版 社

北　京

内 容 简 介

本书主要关注层次结构合作博弈，深入研究了该类合作博弈的 Winter 值，新构造了其均分值、均分剩余值、多步 Shapley 值、集体值和 τ 值。另外，本书还关注了两类特殊的层次结构合作博弈，即(常规)合作博弈和联盟结构合作博弈，详细梳理了这两类合作博弈单值解的研究成果。

本书可供从事合作博弈研究的专家学者、研究生及数学、控制论、管理科学等学科或专业的高年级本科生阅读参考。

图书在版编目(CIP)数据

层次结构合作博弈的单值解/李登峰，胡勋锋著. —北京：科学出版社，2023.11

ISBN 978-7-03-076059-3

Ⅰ. ①层… Ⅱ. ①李… ②胡… Ⅲ. ①博弈论-研究 Ⅳ. ①O225

中国国家版本馆 CIP 数据核字(2023)第 141969 号

责任编辑：邓 娴／责任校对：贾伟娟
责任印制：赵 博／封面设计：有道文化

科学出版社 出版
北京东黄城根北街 16 号
邮政编码：100717
http://www.sciencep.com
三河市春园印刷有限公司印刷
科学出版社发行 各地新华书店经销
*
2023 年 11 月第 一 版 开本：720×1000 1/16
2024 年 8 月第二次印刷 印张：11
字数：220 000

定价：126.00 元

(如有印装质量问题，我社负责调换)

作 者 简 介

李登峰，男，广西博白人，电子科技大学经济与管理学院，教授，博士生导师，教育部“长江学者”特聘教授，“百千万人才工程”国家级人选，并被授予国家“有突出贡献中青年专家”荣誉称号，享受国务院政府特殊津贴专家。主要从事经济管理决策与对策(博弈)、运筹与管理方面的研究工作。主持包括国家自然科学基金重点项目及面上项目在内的国家、省部级课题 20 多项。获得包括国家自然科学奖二等奖、省自然科学奖二等奖、教育部科学技术奖自然科学奖一等奖在内的科研奖励 26 项。在 Springer 等出版社出版学术专著十多部，发表论文 300 多篇，其中 SCI、SSCI、EI 等收录 200 多篇次，他引 6000 多次，10 多篇论文为 ESI 高被引论文。

胡勋锋，博士，广州大学管理学院，副教授，主要从事合作博弈理论与方法方面的研究工作。主持及参研了包括国家自然科学基金重点项目在内的科研项目多项，获授权发明专利多项，在国内外知名期刊发表学术论文 30 多篇，其中多篇为 ABS 三星期刊论文及 FMS 推荐期刊论文。

前　言

博弈论，亦称对策论，是描述智能且理性的局中人之间冲突与合作情境的数学理论。虽然现代博弈论仅起源于 20 世纪，但博弈思想古已有之，2000 多年前中国的《史记》和犹太教法典《塔木德》(Talmud) 中都有博弈思想出现。目前，经过 70 多年的发展，博弈论已经成为经济学的标准分析工具之一，在金融学、证券学、生物学、经济学、国际关系学、计算机科学、政治学、军事和其他很多学科都有广泛的应用。

合作博弈对局中人间的结盟关系不做限制。这一前提限制了它的使用范围。为解决这一问题，奥曼 (Aumann) 和德瑞兹 (Drèze) 在 1974 年提出了联盟结构概念。它将局中人集分成若干个不相交的结构联盟，结构联盟内部的局中人可随意结盟，不同结构联盟及其部分间的结盟则受到限制。联盟结构的形成可以有多种原因，如地理位置、行政级别、宗教信仰等的限制，或局中人间亲疏关系的限制等。这些限制不仅可以作用于局中人，还可以作用于结构联盟，即它们应该可以导致多层的联盟结构产生，其中上层联盟结构对其直接下层联盟结构中结构联盟间的结盟关系施加限制。这种多层的联盟结构就是由文特 (Winter) 于 1989 年提出的层次结构。它广泛存在于企业、政府部门等的组织结构中，具有广泛的应用前景。然而，由于较常见的结盟限制形式复杂，目前关于层次结构合作博弈的研究并不多见。

本书主要关注层次结构合作博弈的单值解，深入研究了该类合作博弈的 Winter 值，新构造了其均分值、均分剩余值、多步 Shapley 值、集体值和 τ 值，并创造性地利用这些值来进行国内碳排放权分配。这些内容是作者前期研究工作的阶段性总结，主要在胡勋锋的博士学位论文《带层次结构效用可转移合作博弈的几种单值层次解及其应用》基础上，丰富、扩展写成本书。为了知识体系的完整性，作者在该博士论文基础上增加了两部分内容：(常规) 合作博弈的单值解和联盟结构合作博弈的单值解。这两类合作博弈是层次结构合作博弈的特殊情况，目前对其单值解的研究工作比较多见。作者力图跟踪到这类研究的最新进展。鉴于作者的专业背景，书中主要关注了各类单值解的公理化刻画。顾名思义，这一关注点非常数学化。作者力图梳理出各类合作博弈单值解所满足公理之间的联系，由此让读者更清晰地了解知识体系的发展脉络，在“博古通今”的基础上“开创未来”。

在成书过程中，作者得到了各位同行及亲朋好友的帮助。在此，作者要特别感谢我们的家人，是他们给我们提供了物质和精神上的支持，使我们心无旁骛地写作本书。感谢费巍副教授帮助梳理所有参考文献、核对计算结果和绘制表格。另外，感谢各位同行、老师及同学在本书写作过程中提供的各种帮助和建议。本书得到了国家自然科学基金项目 (71901076)“交流网络和层次结构双重限制下合作博弈的公平分配机制研究)”和广东省区域联合基金重点项目 (2022B1515120060)“基于多智能体的复杂数字经济网络博奕研究”的资助，在此一并致谢。最后，尽管作者试图避免疏漏，但书中仍难免存在不足之处，欢迎各位读者批评指正。

李登峰　胡勋锋

2022 年 11 月 24 日

目　　录

第 1 章　合作博弈基本理论

1.1　概　　述

博弈论 (game theory) 是描述智能且理性的局中人之间冲突与合作情境的数学理论[1]。为了更清晰地反映“冲突与合作”内涵，Myerson[1] 建议将博弈论更名为“冲突分析论”(conflict analysis) 或“互动决策论”(interactive decision theory)。局中人间是否有互动，是区分决策问题与博弈问题的标志。

现代合作博弈起源于 von Neumann 和 Morgenstern[2] 的《博弈论与经济行为》一书，其中将博弈分为非合作博弈 (non-cooperative game) 与合作博弈 (cooperative game) 两个分支，二者的区别在于局中人之间是否能达成一个有约束力的协议 (binding agreement)[3]。

从现代观点来看，von Neumann 和 Morgenstern[2] 研究的合作博弈为效用可转移合作博弈 (transferable utility cooperative game)，Nash[4] 随后研究的合作博弈为谈判合作博弈 (bargaining game)。一般化的合作博弈，即效用不可转移合作博弈 (non-transferable utility cooperative game)，由 Aumann 和 Peleg[5] 最先提出。由于这种合作博弈比较复杂，学术界一般先研究效用可转移合作博弈及谈判合作博弈，再将相应结果扩展到效用不可转移合作博弈。本书主要关注效用可转移合作博弈。为了行文简洁，后面将用合作博弈来指代效用可转移合作博弈。

合作博弈通过给定所有潜在联盟的价值 (worth) 来描述收益分配或成本分摊情境。联盟的价值即联盟中的局中人通过合作所能取得的最保守收益或成本。合作博弈的解是一种在全体局中人间分配全局联盟价值的方法。一个解可对应一个或多个分配方案，相应的解分别称为单值解 (single-value solution) 和集合解 (set solution)。

本书主要关注合作博弈的单值解，简称值 (value)，本章先对合作博弈单值解相关理论进行简要介绍，具体安排如下：1.2 节给出合作博弈及其单值解；1.3 节讨论合作博弈空间；1.4 节介绍合作博弈中的几种特殊局中人。

1.2　合作博弈及其单值解

合作博弈是描述收益分配和成本分摊情境的数学模型，其解则是一种在全体局中人间分配全局联盟价值的方法。

定义 1.1　有限集 N 上的合作博弈是一有序二元组 (N, v)，其中：

(1) N 代表局中人集；

(2) v 是从 N 的幂集到实数集的映射，即 $v: 2^N \to \mathbb{R}$，满足 $v(\varnothing) = 0$。

称：

(1) N 中的元素为局中人 (player)；

(2) N 的子集为联盟 (coalition)；

(3) $v(S)$ 为联盟 S 的价值。

记 N 上合作博弈的全体为 $\mathcal{G}^N$(固定 N)。记合作博弈的全体为 $\mathcal{G}$(可变 N)。

例 1.1　假设北京大学、广州大学和福州大学都要邀请一位美国学者来校讲学①。为节约成本，这三所学校决定合作，即邀请该学者依次到访这三所学校并分摊相关费用。不失一般性，依次记北京大学、广州大学和福州大学为 1、2、3。于是，这一合作情境可用合作博弈 (N, v) 来描述，其中：

(1) $N = \{1, 2, 3\}$；

(2) $v: 2^N \to \mathbb{R}$，对任意的 $S \subseteq N$，$v(S)$ 代表 S 中的局中人合作时所需的最低费用。

在合作博弈的定义中，联盟价值一般应代表联盟中局中人合作时所能获得的最保守收益或成本，代表一种“最坏”情形。

例 1.2　为求解破产问题 (bankruptcy problem)，O'Neill[6] 定义了破产合作博弈 (bankruptcy game)。破产问题是描述“资不抵债”情境的数学模型。当一企业宣告破产，且其现有资产无法支付所负债务时，主管部门就必须在企业的债权人间分配企业的现有资产。记：

(1) 企业现有资产为 E；

(2) 企业的有限个债权人集合为 N；

(3) 企业应付给债权人 i 的债务为 $d_i (d_i \geqslant 0)$；

(4) 企业的债务分布为 $d = (d_i)_{i \in N}$。

则破产情境可用如下破产模型描述：

$$P = (N, E, d), \quad \text{s.t.} \quad 0 \leqslant E \leqslant \sum_{i \in N} d_i$$

为求解问题 P，即将企业的现有资产分配给各债权人，O'Neill[6] 定义了破产合作博弈 $(N, v_{E,d})$：对任意的 $S \in 2^N \setminus \{\varnothing\}$，有

$$v_{E,d}(S) = \max\left\{E - \sum_{i \in N \setminus S} d_i, 0\right\}$$

① 本例改编自文献 [7] 中的例 1。

显然，$v_{E,d}(S)$ 代表联盟 S 所能获得的最保守收益①。

合作博弈的解是一种在全体局中人间分配全局联盟价值的方法。一个解可对应一个或多个分配方案，相应的解分别称为单值解 (简称值) 或集合解。本书主要关注合作博弈的单值解 (值)。

定义 1.2 任取 $\mathcal{G}_0 \subseteq \mathcal{G}(\mathcal{G}^N)$。$\mathcal{G}_0$ 上的值是一映射

$$\varphi: \ \mathcal{G}_0 \to \mathbb{R}^N$$

$$(N,v) \in \mathcal{G}_0 \to \varphi(N,v) \in \mathbb{R}^N$$

其中，对任意的局中人 $i \in N$，$\varphi_i(N,v)$ 代表用值 φ 在 N 间分配全局联盟价值 $v(N)$ 时 i 的收益。

例 1.3 (1) 均分值 (equal division value，ED) 在局中人间均分全局联盟价值②，即对任意的 $(N,v) \in \mathcal{G}$ 及 $i \in N$，有

$$\mathrm{ED}_i(N,v) = \frac{v(N)}{n}$$

(2) 均分剩余值 (equal surplus division value，ESD)[10] 先赋予局中人其自身价值，再将全局联盟价值剩余的部分在局中人间均分，即对任意的 $(N,v) \in \mathcal{G}$ 及 $i \in N$，有

$$\mathrm{ESD}_i(N,v) = v(i) + \frac{v(N) - \sum_{j \in N} v(j)}{n}$$

(3) 均分剩余贡献值 (egalitarian non-separable contribution value，ENSC)[10] 是均分剩余值的对偶。它先赋予各局中人对全局联盟的边际贡献 (marginal contribution)，再将全局联盟价值剩余的部分在全体局中人间均分，即对任意的 $(N,v) \in \mathcal{G}$ 及 $i \in N$，有

$$\mathrm{ENSC}_i(N,v) = v(N) - v(N \setminus i) + \frac{v(N) - \sum_{j \in N} \big(v(N) - v(N \setminus j)\big)}{n}$$

(4) 个体理性值 (dictatorial index，DI)[11] 赋予局中人其自身价值，即对任意的 $(N,v) \in \mathcal{G}$ 及 $i \in N$，有

$$\mathrm{DI}_i(N,v) = v(i)$$

① Aumann[8] 还定义了另外两种破产合作博弈，其中 v_1 等价于 Driessen[9] 的破产合作博弈。这两种破产合作博弈都比 O'Neill[6] 的乐观。但由于其中联盟价值已不代表联盟的最保守收益，目前对这两类破产合作博弈的研究尚不多见。

② 为了符号简洁，在不引起混淆时，本书将省略单元素集的花括号，并用小写字母 n、s 和 t 依次代表集合 N、S 和 T 的势，即元素个数。

(5) 比例值 (stand-alone-coalition proportional value)[12] 依各局中人自身价值按比例分配全局联盟价值，即对任意满足 $\sum_{j\in N} v(j) \neq 0$ 的合作博弈 $(N,v)\in\mathcal{G}$ 及 $i\in N$，有

$$P_i(N,v)=\frac{v(i)}{\sum_{j\in N} v(j)}\cdot v(N)$$

(6) 幼稚值 (naive solution)[13] 赋予局中人对全局联盟的边际贡献，即对任意的 $(N,v)\in\mathcal{G}$ 及 $i\in N$，有

$$N_i(N,v)=v(N)-v(N\setminus i)$$

1.3 合作博弈空间

任意合作博弈 $(N,v)\in\mathcal{G}^N$ 都可看成一个 2^n-1 维的实向量。于是，在 $\mathcal{G}^N$ 上可定义如下加法和数乘运算。

(1) 加法：对任意的 $\{(N,u),(N,v)\}\subseteq\mathcal{G}^N$，有

$$(N,u)+(N,v)=(N,u+v)\in\mathcal{G}^N$$

其中，对任意的 $S\subseteq N$，有

$$(u+v)(S)=u(S)+v(S)$$

(2) 数乘：对任意的 $\alpha\in\mathbb{R}$，有 $(N,\alpha v)\in\mathcal{G}^N$，其中 $(N,\alpha v)=\alpha(N,v)$，即对任意的 $S\subseteq N$，有合作博弈 αv 定义为

$$(\alpha v)(S)=\alpha v(S)$$

显然，$\mathcal{G}^N$ 构成了一个线性空间。下面给出这一线性空间的两组常见基底。

定义 1.3 对任意的非空有限局中人集 N 及联盟 $T\in 2^N\setminus\varnothing$，若对任意的 $S\subseteq N$，有

$$u_T(S)=\begin{cases}1\ , & 若 S\supseteqq T\\ 0\ , & 其他\end{cases}$$

则称 N 上的使用博弈 $(N,u_T)\in\mathcal{G}^N$ 是 T 一致合作博弈。

定理 1.1 对任意的 $(N,v)\in\mathcal{G}^N$ [14]，有

$$v=\sum_{T\in 2^N\setminus\varnothing} c_T u_T$$

其中

$$c_T = \sum_{S \subseteq T} (-1)^{t-s} v(S)$$

代表 Harsanyi 红利 (dividend)[15,16]。

定义 1.4 对任意的非空有限局中人集 N 及联盟 $T \in 2^N \setminus \varnothing$，若对任意的 $S \subseteq N$，有

$$e_T(S) = \begin{cases} 1 \quad , & S = T \\ 0 \quad , & \text{其他} \end{cases}$$

则称 N 上的合作博弈 $(N, e_T) \in \mathcal{G}^N$ 是 T 标准合作博弈。

显然，对任意的 $(N, v) \in \mathcal{G}^N$，都有

$$v = \sum_{T \in 2^N \setminus \varnothing} v(T) e_T$$

除了一致合作博弈和标准合作博弈，Yokote 等[17] 给出了合作博弈空间 $\mathcal{G}^N$ 的一组基底，即指挥官合作博弈 (command game) 类。有兴趣的读者也可按需构造 $\mathcal{G}^N$ 的基底，或对 $\mathcal{G}^N$ 进行拆分 (decomposition)。例如，为了求解 Shapley 值[14]、加权 Shapley 值[18,19]、Banzhaf 值[20] 及最小二乘值 (least square values)[21] 的反问题 (inverse problem)，Dragan[22-25] 分别构造了与这些值对应的合作博弈空间的势基底 (potential basis)。为了刻画均分值与均分剩余值的凸组合[26]，Hu 和 Li[27] 给出了合作博弈空间的一组基底。为了刻画 Shapley 值、均分值与均分剩余值的凸组合，Yokote 和 Funaki[28] 给出了合作博弈空间的另一组基底。最近，Hernández-Lamoneda 等[29] 还给出了 $\mathcal{G}^N$ 的一种拆分。

1.4 合作博弈中的几种特殊局中人

有几种特殊的局中人在合作博弈中比较重要，他们分别是对称局中人 (symmetric player)、无效局中人 (null player)、哑局中人 (dummy)、注销局中人 (nullifying player) 和瓦解局中人 (dummifying player)。

定义 1.5 对任意的 $(N, v) \in \mathcal{G}$ 及 $\{i, j\} \subseteq N$，若任取 $S \subseteq N \setminus \{i, j\}$，都有

$$v(S \cup i) = v(S \cup j)$$

则称 i 和 j 是 (N, v) 的对称局中人[14]。

两个局中人对称代表他们在特征函数中可以替换。Albizuri 等[30] 给出了另外两种与此相关的局中人概念。它们一方面要求两个局中人关于特征函数可以替换，

另一方面分别要求两个局中人只需出现一个、必须同时出现才可创造价值。另外，若在定义 1.5 中要求 $S \neq \varnothing$，则其转变为拟对称 (quasi-substitutes) 局中人[31]。

定义 1.6　对任意的 $(N, v) \in \mathcal{G}$ 及 $i \in N$，若任取 $S \subseteq N \setminus i$，都有

$$v(S \cup i) = v(S) + v(i)$$

则称 i 是 (N, v) 的哑局中人[14]。

哑局中人不能给任意联盟创造附加值，因而它对于收益分配过程没有发言权。自身价值为 0 的哑局中人称为无效局中人。

定义 1.7　对任意的 $(N, v) \in \mathcal{G}$ 及 $i \in N$，若任取 $S \subseteq N \setminus i$，都有

$$v(S \cup i) = v(S)$$

则称 i 是 (N, v) 的无效局中人[14]。

无效局中人不仅自身不能创造价值，还不能给任何联盟创造附加值。然而，他的出现也不会给其他联盟造成损失。一种比无效局中人更具恶意的局中人称作注销局中人。

定义 1.8　对任意的 $(N, v) \in \mathcal{G}$ 及 $i \in N$，若任取 $S \subseteq N \setminus i$，都有

$$v(S \cup i) = 0$$

则称 i 是 (N, v) 的注销局中人[32]。

注销局中人会使任何联盟的价值归零。与之对应，瓦解局中人也会给包含他的联盟带来损失，但他仅会破坏包含他的联盟中局中人间的结盟关系，而不会让该联盟的价值归零。

定义 1.9　对任意的 $(N, v) \in \mathcal{G}$ 及 $i \in N$，若任取 $S \subseteq N \setminus i$，都有

$$v(S \cup i) = \sum_{j \in S \cup i} v(j)$$

则称 i 是 (N, v) 的瓦解局中人[33]。

第 2 章　合作博弈的 Shapley 值

作为合作博弈的第一种单值解，Shapley 值[14] 在合作博弈理论中的地位举足轻重。本节将对其进行比较系统的介绍。

2.1　Shapley 值的定义

2.1.1　Shapley 值的经典定义

沿用 Nash[34] 求解谈判合作博弈的公理化方法 (axiomatic method)①，Shapley[14] 用有效性 (efficiency)、可加性 (additivity)、对称性 (symmetry) 及无效性/哑元性 (null/dummy player property) 构造了 Shapley 值②。

公理 2.1　有效性③：对任意的 $(N,v)\in\mathcal{G}^N$，都有

$$\sum_{i\in N}\varphi_i(N,v)=v(N)$$

有效性要求全局联盟价值全部分配给局中人。显然，对大部分的收益分配或成本分摊问题而言，这是一个很自然的要求。

公理 2.2　可加性：对任意的 $\{(N,u),(N,v)\}\subseteq\mathcal{G}^N$，都有

$$\varphi(N,u+v)=\varphi(N,u)+\varphi(N,v)$$

若一个合作博弈可表示成两个合作博弈的和，则局中人在和合作博弈中的收益等于他在两个“加数”合作博弈中的收益和，即一次分两块蛋糕与将两块蛋糕分开分的结果相同。同有效性相比，可加性比较“技术化”。

公理 2.3　对称性：对任意的 $(N,v)\in\mathcal{G}^N$，若 $\{i,j\}\subseteq N$ 是其对称局中人，则

$$\varphi_i(N,v)=\varphi_j(N,v)$$

---

① Nash[34] 提出，二人谈判合作博弈可用两种方法求解，一是将问题转换成非合作博弈，二是公理化方法。Harsanyi[3] 进一步指出，不仅二人谈判合作博弈，任何合作博弈都能归结为非合作博弈。然而，由于转化会大幅增加支付矩阵 (payoff matrix) 的规模，因而仅研究非合作博弈并不现实。

② 注意 Shapley 是在 $\mathcal{G}$(非 $\mathcal{G}^N$) 上构造 Shapley 值，因而载形性 (carrier) 蕴含了有效性和无效性。

③ 对于不涉及局中人集变化的公理，后面统一定义在 $\mathcal{G}^N$ 上。显然，这些公理可直接拓展到 $\mathcal{G}$。对应地，对于涉及局中人集变化的公理，后面统一定义在 $\mathcal{G}$ 上。

对称性要求两个对称的局中人获得相同的收益。由于对称局中人在特征函数中可相互替代，因而若特征函数已包含了分配问题所需的全部信息，则对称性是一个很自然的要求。

公理 2.4 无效性：对任意的 $(N,v)\in\mathcal{G}^N$，若 $i\in N$ 是 (N,v) 的无效局中人，则

$$\varphi_i(N,v)=0$$

公理 2.5 哑元性：对任意的 $(N,v)\in\mathcal{G}^N$，若 $i\in N$ 是 (N,v) 的哑局中人，则

$$\varphi_i(N,v)=v(i)$$

无效性要求无效局中人获得零收益。由于无效局中人不仅自身不能创造价值，还不能给其他联盟创造附加值，因而对于无须避免两极分化的分配问题，无效性是一个很合理的要求。对应地，哑局中人不能给其他联盟创造附加值，但其自身可创造价值，因而哑元性要求哑局中人收获自身价值。

定理 2.1 合作博弈空间 $\mathcal{G}^N$ 上有且仅有一个同时满足有效性、可加性、对称性及无效性/哑元性的值，即 Shapley 值[14]。对任意的 $(N,v)\in\mathcal{G}^N$ 及 $i\in N$，该值定义如下：

$$\mathrm{Sh}_i(N,v)=\sum_{S\subseteq N\setminus i}\frac{s!(n-s-1)!}{n!}\big(v(S\cup i)-v(S)\big) \tag{2.1}$$

Shapley[14] 将式 (2.1) 解释如下。假设 n 个局中人排成一队进入一房间，各局中人都收获他对其前驱集的边际贡献。在各队列出现的概率相等的情况下，联盟 $S\subseteq N\setminus i$ 作为局中人 i 前驱的概率为 $s!(n-s-1)!/n!$，而 i 对 S 的边际贡献为 $v(S\cup i)-v(S)$。于是，$\mathrm{Sh}_i(N,v)$ 正好是局中人 i 的期望收益。

例 2.1 考虑有三个局中人的合作博弈 (N,v)，其中 $N=\{1,2,3\}$，

$$v(1)=v(2)=v(3)=1, v(\{1,2\})=v(\{1,3\})=2,$$
$$v(\{2,3\})=3, v(\{1,2,3\})=\frac{7}{2}$$

下面计算出局中人 1 的 Shapley 值。

(1) 局中人 1 排在队列的第一位，即其前驱集为空。此时，他将收获

$$\frac{s!(n-s-1)!}{n!}\big(v(S\cup i)-v(S)\big)=\frac{0!\times 2!}{3!}\times(1-0)=\frac{1}{3}$$

(2) 局中人 1 排在队列的第二位。

a) 局中人 2 为局中人 1 的前驱。此时，局中人 1 将收获

$$\frac{s!(n-s-1)!}{n!}\big(v(S\cup i)-v(S)\big)=\frac{1!\times 1!}{3!}\times(2-1)=\frac{1}{6}$$

b) 局中人 3 为局中人 1 的前驱。此时，局中人 1 将收获

$$\frac{s!(n-s-1)!}{n!}\big(v(S\cup i)-v(S)\big)=\frac{1!\times 1!}{3!}\times(2-1)=\frac{1}{6}$$

(3) 局中人 1 排在队列的第三位，即其前驱为 $\{2,3\}$。此时，他将收获

$$\frac{s!(n-s-1)!}{n!}\big(v(S\cup i)-v(S)\big)=\frac{2!\times 0!}{3!}\times\left(\frac{7}{2}-3\right)=\frac{1}{6}$$

最终，局中人 1 的所得为

$$\frac{1}{3}+\frac{1}{6}+\frac{1}{6}+\frac{1}{6}=\frac{5}{6}$$

式 (2.1) 有一种等价表示形式。称一一映射

$$\pi:\quad N\longrightarrow\{1,2,\cdots,n\}$$
$$i\in N\longrightarrow\pi(i)\in\{1,2,\cdots,n\}$$

为 N 上的置换 (permutation)，其中对任意的 $i\in N$，$\pi(i)$ 代表 i 在置换 π 中的位置。记 N 上置换的全体为 $\Omega(N)$。于是，式 (2.1) 也可写成如下形式：

$$\mathrm{Sh}_i(N,v)=\frac{1}{|\Omega(N)|}\sum_{\pi\in\Omega(N)}\big(v(P_i^\pi\cup i)-v(P_i^\pi)\big)\tag{2.2}$$

其中，

$$P_i^\pi=\{j\in N\mid \pi(j)<\pi(i)\}$$

代表置换 π 中局中人 i 的前置集。

Feltkamp[35] 将定理 2.1 的可加性替换成了转移性 (transfer)[36]。

对任意的 $\{(N,u),(N,v)\}\subseteq\mathcal{G}^N$，定义 $\{(N,u\wedge v),(N,u\vee v)\}\subseteq\mathcal{G}^N$，其中对任意的 $S\subseteq N$，有

$$(u\wedge v)(S)=\min\{u(S),v(S)\},\qquad(u\vee v)(S)=\max\{u(S),v(S)\}$$

公理 2.6 转移性：对任意的 $\{(N,u),(N,v)\}\subseteq\mathcal{G}^N$，都有

$$\varphi(N,u\wedge v)+\varphi(N,u\vee v)=\varphi(N,u)+\varphi(N,v)$$

转移性类似于可加性，最早用于刻画单调简单合作博弈 (monotonic simple game) 的 Shapley 值①。由于该类合作博弈对加法运算不封闭，故而可加性失效，此时 Dubey[36] 提出了转移性作为可加性在这种情境下的修正。

利用置换概念，定理 2.1 的对称性还可增强成匿名性 (anonymity)。

公理 2.7　匿名性：对任意的 $(N,v)\in\mathcal{G}^N$，$\pi\in\Omega(N)$ 及 $i\in N$，都有

$$\varphi_i(N,v)=\varphi_{\pi(i)}\big(\pi(N),\pi v\big)$$

其中，$\big(\pi(N),\pi v\big)\in\mathcal{G}$，对任意的 $S\subseteq\pi(N)$，有

$$(\pi v)(S)=v\big(\pi^{-1}(S)\big)$$

匿名性要求局中人在合作博弈中的收益与其“名字”无关，即改变他的“名字”不影响他的收益。

2.1.2 Shapley 值的补偿向量和相对边际贡献描述

式 (2.2) 利用边际贡献向量 (marginal contribution vector) 来表示 Shapley 值。与此不同，Béal 等[37] 则利用补偿向量 (compensation vector)[38]。假设 n 个局中人排成一队进入一房间，房间内部的局中人联盟 S 掌握着房间的钥匙。一旦联盟 S 打开房门，它将失去自身价值。于是，为了进入房间，房间外部的局中人联盟 $N\setminus S$ 需向 S 支付 $v(S)$，而联盟 S 中的局中人则可收获 $v(S)$。进一步，无论支付还是收益都需均分给联盟内部的局中人，即 S 中的每个局中人可收获 $v(S)/s$，而 $N\setminus S$ 中的每个局中人需支付 $v(N\setminus S)/(n-s)$。于是，一种局中人进入顺序对应着一个补偿向量。当局中人的各种进入顺序概率相等时，所有补偿向量的期望均值即为 Shapley 值。

定理 2.2　对任意的 $(N,v)\in\mathcal{G}$ 及 $i\in N$，都有[37]

$$\begin{aligned}&\mathrm{Sh}_i(N,v)\\&=\frac{1}{|\Omega(N)|}\sum_{\pi\in\Omega(N)}\left(\sum_{j\in N:i\in P_j^\pi\cup j}\frac{v(P_j^\pi\cup j)}{|P_j^\pi\cup j|}-\sum_{j\in N:i\in N\setminus(P_j^\pi\cup j)}\frac{v(P_j^\pi\cup j)}{|N\setminus(P_j^\pi\cup j)|}\right)\end{aligned}$$

式 (2.2) 中局中人 i 收获了他对其前驱边际贡献的全部。由于该边际贡献是由 i 和其前驱 P_i^π 共同创造的，这种分配方法不合理。Flores 等[39] 提出了一种在 i 和 P_i^π 间分配边际贡献的方法，并由此得到了 Shapley 值的一种新描述。具体地，他们先赋予 i 自身价值 $v(i)$，并将边际贡献剩余的部分 $v(P_i^\pi\cup i)-v(P_i^\pi)-v(i)$

① 特征函数值域为 $\{0,1\}$ 且联盟价值随联盟包含关系递增的合作博弈。

按如下规则分配给 P_i^π：局中人 $j \in P_i^\pi$ 收获 i 相对于 j 的边际贡献，但须支付给其直接后继 $\pi^{-1}(j+1)$ 该边际贡献的一部分，即 i 相对于 $\pi^{-1}(j+1)$ 的边际贡献。i 相对于 j 的边际贡献是指在置换 π 中以 j 为起点的情况下，局中人 i 的边际贡献，即

$$m_{ij}^\pi(N,v) = v\big((P_i^\pi \setminus P_j^\pi) \cup i\big) - v(P_i^\pi \setminus P_j^\pi)$$

定理 2.3 对任意的 $(N,v) \in \mathcal{G}$ 及 $i \in N$，有[39]

$$\begin{aligned}&\mathrm{Sh}_i(N,v)\\&= \frac{1}{|\Omega(N)|}\sum_{\pi \in \Omega(N)}\left(v(i) + \sum_{j \in N\setminus(P_i^\pi \cup i)}\left(m_{ji}^\pi(N,v) - m_{j\pi^{-1}(\pi(i)+1)}^\pi(N,v)\right)\right)\end{aligned}$$

2.1.3 Shapley 值的组合描述

定理 2.3 利用相对边际贡献来描述 Shapley 值。除此之外，Shapley 值也可用相对贡献来描述。由于这一描述中用到了较多组合数，本书称为组合描述 (combinatorial representation)。

对任意的 $(N,v) \in \mathcal{G}$，$i \in N$，$l \in \{1,2,3\}$ 及包含 i 的 $S \subseteq N$，记

$$\begin{aligned}e_1(S,v,i) &= v(S) - v(S \setminus i),\\e_2(S,v,i) &= v(S) - v(N \setminus S),\\e_3(S,v,i) &= v(S) - \binom{n-1}{s}^{-1}\sum_{R \subseteq N\setminus i: r=s} v(R)\end{aligned}$$

定理 2.4 对任意的 $(N,v) \in \mathcal{G}$，$i \in N$ 及 $l \in \{1,2,3\}$，有[40]

$$\mathrm{Sh}_i(N,v) = n^{-1}\sum_{k=1}^{n}\binom{n-1}{k-1}^{-1}\sum_{S \subseteq N: i \in S, s=k} e_l(S,v,i) \tag{2.3}$$

Rothblum[40] 将式 (2.3) 解释为局中人相对贡献 (relative payoff) 的平均值，其中平均需进行两次，第一次对所有包含局中人 i 且人数为一固定常数的联盟求平均，第二次则对所有这样的常数求平均。对应地，$e_1(S,v,i)$、$e_2(S,v,i)$ 及 $e_3(S,v,i)$ 代表相对贡献的三种度量方式。它们依次代表 i 对于 S 的相对贡献，S 对于 $N \setminus S$ 的相对贡献，以及 S 对于所有不包含 i 且势为 $s-1$ 的联盟价值平均值的相对贡献。Harsanyi[41] 也用过这里的 $e_2(S,v,i)$。

2.1.4 Shapley 值的人均价值描述

类似于定理 2.4 的 $e_3(S,v,i)$，Shapley 值有如下的人均价值描述 (average per capita formula)[23]。

对任意的 $(N,v)\in\mathcal{G}$ 及 $i\in N$，记 (N,v) 中人数为 s 的联盟价值的平均值为 v_s，(N,v) 中不含 i 且人数为 s 的联盟价值的平均值为 v_s^i，即

$$v_s=\frac{\sum_{T\subseteq N:t=s}v(T)}{\begin{pmatrix}n\\s\end{pmatrix}},\qquad v_s^i=\frac{\sum_{T\subseteq N:t=s,i\notin T}v(T)}{\begin{pmatrix}n\\s\end{pmatrix}}$$

定理 2.5　对任意的 $(N,v)\in\mathcal{G}$ 及 $i\in N$，都有[23]

$$\mathrm{Sh}_i(N,v)=\frac{v(N)}{n}+\sum_{s=1}^{n-1}\frac{v_s-v_s^i}{s}$$

2.1.5 Shapley 值的迭代式描述

除了上述各类描述，Shapley 值还存在迭代式描述 (recursive formula)。

定理 2.6　对任意的 $(N,v)\in\mathcal{G}$ 及 $i\in N$[42]，都有①

$$\mathrm{Sh}_i(N,v)=\frac{1}{n}\left(\sum_{j\in N\setminus i}\mathrm{Sh}_i(N\setminus j,v)+v(N)-v(N\setminus i)\right)\tag{2.4}$$

类似地，Casajus 和 Huettner[13] 指出，Shapley 值是幼稚值的唯一自身可拆分的拆分。

定义 2.1　任取 $\mathcal{G}$ 上的值 φ^1 和 φ^2，若对任意的 $(N,v)\in\mathcal{G}$ 及 $i\in N$，都有[13]

$$\varphi_i^1(N,v)=\varphi_i^2(N,v)+\sum_{j\in N\setminus i}\left(\varphi_j^2(N,v)-\varphi_j^2(N\setminus i,v)\right)\tag{2.5}$$

则称 φ^1 是可拆分的，φ^2 是 φ^1 的拆分。

值 φ^2 将 φ^1 拆成了两个部分。其中，$\varphi_i^2(N,v)$ 称作 i 的直接收益，式 (2.5) 右端第二个加数则称作 i 的间接收益。间接收益反映局中人 i 对其他局中人直接收益的贡献之和。

定理 2.7　Shapley 值是幼稚值的唯一自身可拆分的拆分[13]。

① 为了符号上的简单，对任意的 $S\in 2^N\setminus\varnothing$，下面将用 (S,v) 表示 (N,v) 在 S 上的限制。

2.2 Shapley 值的公理化刻画

继 Shapley[14] 之后，许多学者给出了 Shapley 值的公理化刻画 (axiomatic characterization)。它们可分成两类：一类通过改变或弱化 Shapley 的公理来构造新刻画；另一类则从不同的公平性视角提出新的公理，并由此刻画 Shapley 值。本节将给出一些代表性的刻画。

2.2.1 联盟策略等价性

Chun[43] 将可加性和无效性弱化成联盟策略等价性 (coalitional strategic equivalence)[44]，由此得到了 Shapley 值的一个新刻画。

公理 2.8 联盟策略等价性①：对任意的合作博弈 $\{(N,u),(N,v)\}\subseteq\mathcal{G}^N$，若局中人 $i\in N$ 是合作博弈 (N,u) 的无效局中人，则

$$\varphi_i(N,u+v)=\varphi_i(N,v)$$

由于 i 是 (N,u) 的无效局中人，合作博弈 $(N,u+v)$ 与 (N,v) 之间存在如下联系：对任意的 $S\subseteq N\setminus i$，有

$$(u+v)(S\cup i)-(u+v)(S)=v(S\cup i)-v(S)$$

即 i 在 $(N,u+v)$ 中对任意联盟 $S\subseteq N\setminus i$ 的边际贡献与其在 (N,v) 中对 S 的边际贡献相等。联盟策略等价性将 $(N,u+v)$ 与 (N,v) 之间的这种联系转化成了其中局中人 i 收益之间的联系，即要求 i 在两个合作博弈中的收益相等。它体现了 Shapley 值是一种基于边际贡献的值。显然，可加性及无效性蕴含联盟策略等价性。

定理 2.8 Shapley 值是 $\mathcal{G}^N$ 上唯一同时满足有效性、对称性及联盟策略等价性的值[43]。

定理 2.8 中，联盟策略等价性可替换成边际贡献性 (marginality)[45]。

公理 2.9 边际贡献性：对任意的合作博弈 $\{(N,u),(N,v)\}\subseteq\mathcal{G}^N$ 及局中人 $i\in N$，若任取联盟 $S\subseteq N\setminus i$，都有

$$u(S\cup i)-u(S)=v(S\cup i)-v(S)$$

则

$$\varphi_i(N,u)=\varphi_i(N,v)$$

① Chun[44] 的定义与这里稍有不同：对任意的 $(N,v)\in\mathcal{G}^N$，$\alpha\in\mathbb{R}$，$T\in 2^N\setminus\varnothing$ 及 $i\in N\setminus T$，都有 $\varphi_i(N,v+\alpha u_T)=\varphi_i(N,v)$。van den Brink[32] 证明了 Chun[44] 的定义与这里的定义等价。

边际贡献性要求局中人收益仅取决于他的边际贡献。换句话说，边际贡献相同的局中人收益也相同。显然，边际贡献性充分抓住了 Shapley 值“基于边际贡献”的特点。Chun[44] 和 Casajus[46] 证明边际贡献性蕴含联盟策略等价性，即若一个合作博弈值满足边际贡献性，则它也满足联盟策略等价性①。

联盟策略等价性关注两个通过无效局中人联系起来的合作博弈，并在其中部分局中人的收益之间建立了联系。它称作协变性 (covariance) 的增强则关注两个通过哑局中人联系起来的合作博弈，并在其中部分局中人的收益之间建立联系。

公理 2.10　协变性：对任意的 $(N,v)\in\mathcal{G}^N$，$\alpha\in\mathbb{R}$ 及 $\beta\in\mathbb{R}^N$，都有

$$\varphi(N,\alpha v+\beta)=\alpha\varphi(N,v)+\beta$$

其中，$(N,\alpha v+\beta)\in\mathcal{G}^N$，对任意的 $S\subseteq N$，有

$$(\alpha v+\beta)(S)=\alpha v(S)+\sum_{i\in S}\beta_i$$

向量 $\beta\in\mathbb{R}^N$ 导出了一个合作博弈 (N,β)，其中对任意的 $S\subseteq N$，有

$$\beta(S)=\sum_{i\in S}\beta_i$$

显然，当 $\beta_i=0$ 时，局中人 i 即为 (N,β) 的无效局中人，且协变性等价于联盟策略等价性。一般地，协变性是可加性和哑元性的推论。它要求将一个合作博弈加到另一个合作博弈上时，若局中人 i 刚好是被加合作博弈的哑局中人，则他在新合作博弈中的收益等于他在旧合作博弈中的收益与在被加合作博弈中的价值之和。

2.2.2　加法协变性和转移协变性

联盟策略等价性和协变性关注合作博弈加法与收益分配向量的关系，因而在它关联的两个合作博弈中，任意联盟的价值都可能不同。对应地，加法协变性 (addition invariance)[48] 与转移协变性 (transfer invariance)[48] 关注仅有部分联盟价值不同的两个合作博弈的收益分配向量之间的关系。

对任意的 $(N,v)\in\mathcal{G}^N$，$\alpha\in\mathbb{R}$ 及 $k\in\{1,2,\cdots,n-1\}$，定义 $(N,v_{k,\alpha})\in\mathcal{G}^N$，其中对任意的 $S\subseteq N$，有

$$v_{k,\alpha}(S)=\begin{cases}v(S) & ,\quad s\neq k\\ v(S)+\alpha & ,\quad s=k\end{cases}$$

① van den Brink[32] 认为边际贡献性与联盟策略等价性等价。Casajus[46] 和 Huettner[47] 则明确指出 van den Brink 的这一论断错误。

将合作博弈 (N, v) 中所有人数为 k 的联盟价值都加上 α，即得合作博弈 $(N, v_{k,\alpha})$。

公理 2.11 加法协变性：对任意的 $(N, v) \in \mathcal{G}^N$，$\alpha \in \mathbb{R}$ 及 $k \in \{1, 2, \cdots, n-1\}$，有

$$\varphi(N, v) = \varphi(N, v_{k,\alpha})$$

由于所有局中人都有相同的机会隶属于人数为 k 的联盟，因此加法协变性要求这一加法不改变局中人的收益。

在加法协变性关联的两个合作博弈中，所有人数为 k 的联盟价值都不同。对应地，转移协变性则关联仅有两个人数相同的联盟价值不同的合作博弈。

对任意的 $(N, v) \in \mathcal{G}^N$，$\{S^+, S^-\} \subsetneq N$，$\alpha \in \mathbb{R}$ 及 $i \in S^+ \cap S^-$，定义 $(N, v_{S^+,S^-,\alpha}) \in \mathcal{G}^N$，其中对任意的 $S \subseteq N$，有

$$v_{S^+,S^-,\alpha}(S) = \begin{cases} v(S) & , \quad S \neq S^+, S^- \\ v(S) + \alpha & , \quad S = S^+ \\ v(S) - \alpha & , \quad S = S^- \end{cases}$$

在合作博弈 (N, v) 中将联盟 S^- 的价值转移 α 到联盟 S^+，即得到合作博弈 $(N, v_{S^+,S^-,\alpha})$。

公理 2.12 转移协变性：对任意的 $(N, v) \in \mathcal{G}^N$，$\{S^+, S^-\} \subsetneq N$，$\alpha \in \mathbb{R}$ 及 $i \in S^+ \cap S^-$，若 $|S^+| = |S^-|$，则

$$\varphi_i(N, v) = \varphi_i(N, v_{S^+,S^-,\alpha})$$

如果支出和收入都在局中人间均分，则 $S^+ \cap S^-$ 中的局中人收入和支出同样多。对此，转移协变性要求转移动作不改变这些局中人的收益。

定理 2.9 Shapley 值是 $\mathcal{G}^N$ 上唯一同时满足加法协变性、转移协变性及哑元性的值①[48]。

2.2.3 公平性

联盟策略等价性 (协变性) 是可加性和无效性 (哑元性) 的弱化。对应地，公平性 (fairness)[49] 则是可加性和对称性的弱化。

公理 2.13 公平性：对任意的合作博弈 $\{(N, u), (N, v)\} \subseteq \mathcal{G}^N$，若局中人 $\{i, j\} \subseteq N$ 是 (N, u) 的对称局中人，则

$$\varphi_i(N, u + v) - \varphi_i(N, v) = \varphi_j(N, u + v) - \varphi_j(N, v)$$

① 除了利用加法协变性和转移协变性来刻画合作博弈值，Béal 等[50] 还利用它们给出了合作博弈空间的一个拆分。

由于 i 和 j 是 (N,u) 的对称局中人，$(N,u+v)$ 与 (N,v) 之间存在如下联系：对任意的 $S\subseteq N\setminus i$，有

$$(u+v)(S\cup i)-v(S\cup i)=(u+v)(S\cup j)-v(S\cup j)$$

即联盟 $S\cup i$ 在 $(N,u+v)$ 与 (N,v) 中价值的差与联盟 $S\cup j$ 的对应价值差相等。公平性将 i 和 j 在 $(N,u+v)$ 和 (N,v) 中的这种联系转化成了它们收益之间的联系，即要求 i 在 $(N,u+v)$ 和 (N,v) 中的收益差与 j 的对应收益差相等。显然，可加性及对称性蕴含公平性。

定理 2.10　Shapley 值是 $\mathcal{G}^N$ 上唯一同时满足有效性、无效性及公平性的值[49]。

2.2.4 单调性和边际贡献性

Young[45] 最早利用强单调性 (strong monotonicity) 给出了 Shapley 值的一个不含可加性的公理化刻画。

公理 2.14　强单调性：对任意的合作博弈 $\{(N,u),(N,v)\}\subseteq\mathcal{G}^N$ 及局中人 $i\in N$，若任取联盟 $S\subseteq N\setminus i$，都有

$$u(S\cup i)-u(S)\geqslant v(S\cup i)-v(S)$$

则

$$\varphi_i(N,u)\geqslant\varphi_i(N,v)$$

局中人的边际贡献增加意味着他在合作博弈中的价值增大。强单调性要求在这种情况下局中人收益也增加。显然，在注重分配的激励效应的场合，强单调性是一条很合理的要求。

定理 2.11　Shapley 值是 $\mathcal{G}^N$ 上唯一同时满足有效性、对称性及强单调性的值[45]。

Young[45] 提出，强单调性可弱化为边际贡献性。Chun[44] 则明确用边际贡献性取代了强单调性①。

Casajus[46] 提出了边际贡献性的一个差分版本，即差分边际贡献性 (differential marginality)。它与公平性等价，且保留了边际贡献性的本质特点。

公理 2.15　差分边际贡献性：对任意的 $\{(N,u),(N,v)\}\subseteq\mathcal{G}^N$ 及 $\{i,j\}\subseteq N$，若任取 $S\subseteq N\setminus\{i,j\}$，都有

$$u(S\cup i)-u(S\cup j)=v(S\cup i)-v(S\cup j)\tag{2.6}$$

① Pintér[52] 给出了 Young[45] 边际贡献性刻画的一个新证明。

则

$$\varphi_i(N,u)-\varphi_j(N,u)=\varphi_i(N,v)-\varphi_j(N,v)$$

式 (2.6) 可变形为

$$\begin{aligned}&\big(u(S\cup i)-u(S)\big)-\big(u(S\cup j)-u(S)\big)\\=&\big(v(S\cup i)-v(S)\big)-\big(v(S\cup j)-v(S)\big)\end{aligned}$$

即 i 和 j 在 (N,u) 中的边际贡献差与在 (N,v) 中的边际贡献差相等。差分边际贡献性要求相同的边际贡献差对应相同的收益差。

定理 2.12 Shapley 值是 $\mathcal{G}^N$ 上唯一同时满足有效性、无效性及差分边际贡献性的值[46]。

对应于强单调性，Casajus 和 Huettner[51] 提出了强差分单调性 (stronger differential monotonicity)。

公理 2.16 强差分单调性：对任意的 $\{(N,u),(N,v)\}\subseteq\mathcal{G}^N$ 及 $\{i,j\}\subseteq N$，若任取 $S\subseteq N\setminus\{i,j\}$，都有

$$u(S\cup i)-u(S\cup j)\geqslant v(S\cup i)-v(S\cup j) \tag{2.7}$$

则

$$\varphi_i(N,u)-\varphi_j(N,u)\geqslant\varphi_i(N,v)-\varphi_j(N,v)$$

类似于式 (2.6)，式 (2.7) 可以改写成

$$\begin{aligned}&\big(u(S\cup i)-u(S)\big)-\big(u(S\cup j)-u(S)\big)\\\geqslant&\big(v(S\cup i)-v(S)\big)-\big(v(S\cup j)-v(S)\big)\end{aligned}$$

即 i 和 j 在 (N,u) 中的边际贡献差不小于在 (N,v) 中的边际贡献差。强差分单调性要求大的边际贡献差对应大的收益差。显然，强差分单调性蕴含差分边际贡献性。

对应于差分边际贡献性，Casajus 和 Yokote[53] 提出了弱差分边际贡献性 (weak differential marginality)。

公理 2.17 弱差分边际贡献性：任取 $\{(N,u),(N,v)\}\subseteq\mathcal{G}^N$ 及 $\{i,j\}\subseteq N$，若对任意的 $S\subseteq N\setminus\{i,j\}$，都有

$$u(S\cup i)-u(S\cup j)=v(S\cup i)-v(S\cup j)$$

则

$$\big(\varphi_i(N,u)-\varphi_i(N,v)\big)\cdot\big(\varphi_j(N,u)-\varphi_j(N,v)\big)>0$$

差分边际贡献性要求相同的边际贡献差对应相同的收益差，弱差分边际贡献性则仅要求相同的边际贡献差对应相同的收益增量方向，即当一对局中人的边际贡献差增量 (可正可负) 相同时，他们的收益差可能同时增加，也可能同时减小。

定理 2.13　当 $n \neq 2$ 时，Shapley 值是 $\mathcal{G}^N$ 上唯一同时满足有效性、无效性及弱差分边际贡献性的值[53]。

2.2.5　得失并存性

定理 2.1 的有效性可弱化成得失并存性 (gain-loss property)[54]。

公理 2.18　得失并存性：对任意的 $\{(N,u),(N,v)\} \subseteq \mathcal{G}^N$ 及 $i \in N$，若：

(1) $u(N) = v(N)$，

(2) $\varphi_i(N,u) > \varphi_i(N,v)$，

则必存在 $j \in N$，使得

$$\varphi_j(N,u) < \varphi_j(N,v)$$

当两个合作博弈全局联盟价值相等，且某个局中人在其中一个中的收益大于另一个时，得失并存性要求存在另一个局中人在前一个合作博弈中的收益小于后一个。显然，在有效性成立的前提下，得失并存性是一个很自然的要求。

定理 2.14　Shapley 值是 $\mathcal{G}^N$ 上唯一同时满足得失并存性、可加性、对称性及哑元性的值[54]。

类似于定理 2.10 和定理 2.12，Casajus[55] 提出，定理 2.14 的可加性和对称性也可以弱化成公平性或差分边际贡献性。另外，以增加哑元性为代价，定理 2.11 的有效性也可弱化成得失并存性。

2.2.6　均衡贡献性

定理 2.1、定理 2.8、定理 2.10、定理 2.11、定理 2.12 及定理 2.14 都适用于 $\mathcal{G}^N$，即它们所利用的公理均不涉及局中人集的变化。于是，这些公理化刻画也适用于 $\mathcal{G}$。下面给出与均衡贡献性 (balanced contributions)[56] 相关的几个 Shapley 值的公理化刻画，由于其中有部分公理涉及局中人集的变化，因而仅适用于 $\mathcal{G}$。

公理 2.19　均衡贡献性：对任意的 $(N,v) \in \mathcal{G}$ 及 $\{i,j\} \subseteq N$，都有

$$\varphi_i(N,v) - \varphi_i(N \setminus j, v) = \varphi_j(N,v) - \varphi_j(N \setminus i, v)$$

任取两个局中人。如果其中一方退出全局联盟，则另一方的收益会受到影响。显然，这一影响的数额可视为退出方对非退出方收益的贡献。均衡贡献性要求任何两个局中人彼此对对方收益的贡献相等。因此，任何局中人都不能以退出全局联盟为由来要挟另一个局中人，即所有局中人都拥有相同的“势”。

注意，均衡贡献性的定义中涉及局中人集的变化，因而下面的公理化刻画仅适用于 $\mathcal{G}$。

定理 2.15 Shapley 值是 $\mathcal{G}$ 上唯一同时满足有效性和均衡贡献性的值[56]。

均衡贡献性要求两个局中人彼此对对方收益的贡献相等，其中“收益的贡献”用一方退出全局联盟前后另一方收益的变化来度量。类似地，如果用一方变成无效局中人 (假设其资源被剥夺而无法创造价值) 前后另一方收益的变化来度量“收益的贡献”，则均衡贡献性变为无效均衡贡献性 (null balanced contributions)[57,58]。

公理 2.20 无效均衡贡献性：对任意的 $(N,v)\in\mathcal{G}^N$ 及 $\{i,j\}\subseteq N$，都有

$$\varphi_i(N,v)-\varphi_i(N,v^{-j})=\varphi_j(N,v)-\varphi_j(N,v^{-i})$$

其中，对任意的 $t\in\{i,j\}$ 及 $S\subseteq N$，有

$$v^{-t}(S)=v(S\setminus t)$$

定理 2.16 Shapley 值是 $\mathcal{G}^N$ 上唯一同时满足有效性、对称性和无效均衡贡献性的值①[58]。

尽管均衡贡献性和无效均衡贡献性在形式上非常类似，但是它们在逻辑上是相互独立的[57]。

Yokote 和 Kongo[59] 关注均衡贡献性在对称局中人上的限制，并指出对于一个满足可加性的值，若其公理化刻画中包含有效性和对称性 (但不含可加性)，则该刻画中对称性可替换为对称局中人均衡贡献性 (balanced contributions property for symmetric players)。

公理 2.21 对称局中人均衡贡献性：对任意的合作博弈 $(N,v)\in\mathcal{G}$，若局中人 $\{i,j\}\subseteq N$ 是 (N,v) 的对称局中人，则

$$\varphi_i(N,v)-\varphi_i(N\setminus j,v)=\varphi_j(N,v)-\varphi_j(N\setminus i,v)$$

定理 2.17 Shapley 值是 $\mathcal{G}$ 上唯一同时满足有效性、可加性、对称局中人均衡贡献性及无效性的值[59]。

2.2.7 无关局中人

作为均衡贡献性的修正，无关局中人零贡献性 (null contributions for indifferent players property) 被 Manuel 和 González-Arangüena[60] 用来刻画 Shapley 值。

定义 2.2 对任意的 $(N,v)\in\mathcal{G}$，$\{i,j\}\subseteq N$ 及 $S_i\subseteq N$，若：

(1) $i\in S_i$，$j\notin S_i$，

① Béal 等[57] 指出定理 2.16 的对称性可弱化为零合作博弈性 (null game axiom)，即所有联盟价值都为 0 的合作博弈收益分配向量也为零向量。

(2) 对任意的 $S \subseteq N$，都有

$$v(S) = v(S \cap S_i) + v\big(S \cap (N \setminus S_i)\big) \tag{2.8}$$

则称 i 和 j 是 (N, v) 的无关局中人 (indifferent players)。

由式 (2.8) 可知，S_i 中的局中人和 $N \setminus S_i$ 中的局中人合作不会产生附加值，因而他们对是否合作持中立态度，或者说他们之间“无关”。显然，哑局中人和无效局中人与任何其他局中人无关。换句话说，无关局中人是哑局中人和无效局中人的推广。

公理 2.22　无关局中人零贡献性：对任意的合作博弈 $(N, v) \in \mathcal{G}$，若 $\{i, j\} \subseteq N$ 是其无关局中人，则

$$\varphi_i(N, v) - \varphi_i(N \setminus j, v) = 0$$

两个局中人无关意味着他们合作不会产生任何附加值。无关局中人零贡献性要求他们中的一个对另一个收益的贡献为零，即其中一个退出全局联盟不影响另一个的收益。一方面，由于只对无关局中人提要求，因而它的条件比均衡贡献性弱。另一方面，它不仅要求两个无关局中人对对方收益的贡献相等，还要求这一贡献为零，因而其结论比均衡贡献性要强。

Manuel 和 González-Arangüena[60] 利用有效性、无关局中人零贡献性及仇敌性 (enemy players property) 来刻画 Shapley 值。

对任意的 $(N, v) \in \mathcal{G}^N$ 及 $\{i, j\} \subseteq N$，定义 $(N, v^{ij}) \in \mathcal{G}^N$，其中对任意的 $S \subseteq N$，有

$$v^{ij}(S) = v(S \setminus i) + v(S \setminus j) - v(S \setminus \{i, j\})$$

在 (N, v^{ij}) 中，任何联盟 S 都不能同时与 i 和 j 合作，即便 i 和 j 同时出现在 S 中，$S \setminus \{i, j\}$ 中的局中人也只能依次与 i 和 j 合作。相应地，S 的价值即为两次合作的价值之和减去其他局中人形成的联盟的价值。

公理 2.23　仇敌性：对任意的 $(N, v) \in \mathcal{G}^N$ 及 $\{i, j\} \subseteq N$，都有

$$\varphi_i(N, v) - \varphi_i(N, v^{ij}) = \varphi_j(N, v) - \varphi_j(N, v^{ij})$$

仇敌性要求两个局中人敌对 (即变成仇敌) 对彼此收益的影响相同。于是，任何局中人都不能以不予合作 (变成仇敌) 来要挟另一个局中人。Manuel 和 González-Arangüena[60] 指出，公平性蕴含仇敌性。

定理 2.18　Shapley 值是 $\mathcal{G}$ 上唯一同时满足有效性、仇敌性和无关局中人零贡献性的值[60]。

“无关”关系将 N 分成若干个不相交的子集 $\mathcal{C}$，其中 $\{i,j\} \subseteq C \in \mathcal{C}$ 当且仅当 i 和 j 不是无关局中人。由于无关局中人合作不产生附加值，于是

$$v(N) = \sum_{C \in \mathcal{C}} v(C)$$

相应地，有效性可变形为如下的非无关局中人集有效性 (efficiency in classes of no indifferent players)。

公理 2.24 非无关局中人集有效性：对任意的 $(N,v) \in \mathcal{G}^N$ 及 $C \in \mathcal{C}$，都有

$$\sum_{i \in C} \varphi_i(N,v) = v(C)$$

非无关局中人集有效性要求任意非无关局中人集 $C \in \mathcal{C}$ 的价值 $v(C)$ 完全分配给其内部的局中人，不能剩下。显然，它蕴含了有效性。另外，由于哑局中人和无效局中人与任何其他局中人都无关，因而非无关局中人集有效性还蕴含了无效性和哑元性。

定理 2.19 Shapley 值是 $\mathcal{G}^N$ 上唯一同时满足仇敌性和非无关局中人集有效性的值[60]。

作为一类特殊的无关局中人，无效局中人受到了广泛的关注。Kamijo 和 Kongo[61] 利用无效局中人零贡献性 (null player out property)[62] 及周期均衡贡献性 (balanced cycle contributions property)[61] 这一均衡贡献性的弱化来刻画 Shapley 值。

公理 2.25 无效局中人零贡献性：对任意的合作博弈 $(N,v) \in \mathcal{G}$，若 $i \in N$ 是其无效局中人，则任取局中人 $j \in N \setminus i$，都有

$$\varphi_j(N,v) = \varphi_j(N \setminus i, v)$$

由于无效局中人与任意局中人无关，因此无效局中人零贡献性是无关局中人零贡献性的特殊情况。

公理 2.26 周期均衡贡献性：对任意的 $(N,v) \in \mathcal{G}$ 及 $\pi \in \Omega(N)$，都有①

$$\begin{aligned}&\sum_{l=1}^{n} \left(\varphi_{\pi^{-1}(l)}(N,v) - \varphi_{\pi^{-1}(l)}(N \setminus \pi^{-1}(l+1), v)\right)\\ =& \sum_{l=1}^{n} \left(\varphi_{\pi^{-1}(l)}(N,v) - \varphi_{\pi^{-1}(l)}(N \setminus \pi^{-1}(l-1), v)\right)\end{aligned} \tag{2.9}$$

① 特殊地，令 $\pi^{-1}(n+1) = \pi^{-1}(1)$，$\pi^{-1}(0) = \pi^{-1}(n+1)$。

均衡贡献性要求任意两个局中人对彼此收益的贡献相同。于是，当值 φ 满足均衡贡献性时，对任意的 $l \in \{1,2,\cdots,n\}$，有

$$\begin{aligned}&\varphi_{\pi^{-1}(l)}(N,v)-\varphi_{\pi^{-1}(l)}(N\setminus\pi^{-1}(l+1),v)\\&=\varphi_{\pi^{-1}(l+1)}(N,v)-\varphi_{\pi^{-1}(l+1)}(N\setminus\pi^{-1}(l),v)\end{aligned}$$

将这 n 个等式相加即得式 (2.9)。由此，周期均衡贡献性是均衡贡献性的弱化。通俗地说，周期均衡贡献性要求在任意给定的置换中，所有局中人对于其前驱收益的贡献之和与他们对于其后继收益的贡献之和相等。

周期均衡贡献性与三人均衡贡献性 (balanced cycle contributions property for three players) 等价[63]。三人均衡贡献性即要求式 (2.9) 仅对任何包含三个局中人的联盟成立。另外，可加性和对称性蕴含周期均衡贡献性[61]。最后，当所考虑的值满足无效局中人零贡献性时，均衡边际贡献性与无效均衡边际贡献性等价，周期均衡贡献性与无效周期均衡贡献性 (balanced cycle contributions under nullification) 等价[57]。

公理 2.27　无效周期均衡贡献性：对任意的 $(N,v)\in\mathcal{G}^N$ 及 $\pi\in\Omega(N)$，都有

$$\begin{aligned}&\sum_{l=1}^{n}\left(\varphi_{\pi^{-1}(l)}(N,v)-\varphi_{\pi^{-1}(l)}(N,v^{-\pi^{-1}(l+1)})\right)\\&=\sum_{l=1}^{n}\left(\varphi_{\pi^{-1}(l)}(N,v)-\varphi_{\pi^{-1}(l)}(N,v^{-\pi^{-1}(l-1)})\right)\end{aligned}$$

定理 2.20　Shapley 值是 $\mathcal{G}$ 上唯一同时满足有效性、无效局中人零贡献性及如下三组性质之一的值[57,61]：

(1) 周期均衡贡献性；

(2) 无效周期均衡贡献性；

(3) 可加性和对称性。

由于 Shapley 值满足无效局中人零贡献性，因此定理 2.6 可写成如下形式。

定理 2.21　对任意的 $(N,v)\in\mathcal{G}^N$ 及 $i\in N$，都有[57]

$$\mathrm{Sh}_i(N,v)=\frac{1}{n}\sum_{j\in N\setminus i}\mathrm{Sh}_i(N,v^{-j})+\frac{1}{n}\big(v(N)-v(N^{-i})\big)$$

2.2.8　势函数

本节介绍由 Hart 和 Mas-Colell[64,65] 提出的势函数 (potential function)，它完全由所考虑的合作博弈及其子合作博弈决定。

定义 2.3 任取 $\mathcal{G}$ 上的实值函数 P[64,65]，如果：

(1) $P(\varnothing, v) = 0$，

(2) 对任意的 $(N, v) \in \mathcal{G}$，都有

$$\sum_{i\in N}\big(P(N,v)-P(N\setminus i,v)\big)=v(N) \tag{2.10}$$

则称 P 为 $\mathcal{G}$ 上的势函数。

式 (2.10) 要求所有局中人关于 P 的边际贡献之和等于全局联盟价值。由于赋予局中人对于全局联盟的边际贡献是经济学中的传统做法[64]，而直接赋予局中人在特征函数中对于全局联盟的边际贡献不可行，因而势函数刚好调和了“传统”与“现实”之间的矛盾。

定理 2.22 $\mathcal{G}$ 上的势函数是唯一的，且各局中人在势函数中关于全局联盟的边际贡献即为其 Shapley 值，即对任意的 $(N, v) \in \mathcal{G}$ 及 $i \in N$，都有[64,65]

$$\mathrm{Sh}_i(N,v)=P(N,v)-P(N\setminus i,v) \tag{2.11}$$

式 (2.11) 给出了 Shapley 值的一种新描述。不仅如此，由于式 (2.10) 给出了求势函数的一种迭代算法，因而用式 (2.11) 来计算 Shapley 值非常简便。

例 2.2 考虑例 2.1 的合作博弈。由式 (2.10) 及 $P(\varnothing, v) = 0$ 可得

$$P(1,v)=P(2,v)=P(3,v)=1$$

于是，由式 (2.10)，有

$$\begin{aligned}
P(\{1,2\},v)&=\frac{1}{2}\big(v(\{1,2\})+P(1,v)+P(2,v)\big)=\frac{1}{2}\times\big(2+1+1\big)=2,\\
P(\{1,3\},v)&=\frac{1}{2}\big(v(\{1,3\})+P(1,v)+P(3,v)\big)=\frac{1}{2}\times\big(2+1+1\big)=2,\\
P(\{2,3\},v)&=\frac{1}{2}\big(v(\{2,3\})+P(2,v)+P(3,v)\big)=\frac{1}{2}\times\big(3+1+1\big)=\frac{5}{2}
\end{aligned}$$

进一步，再次利用式 (2.10)，有

$$\begin{aligned}
P(N,v)&=\frac{1}{3}\big(v(N)+P(\{1,2\},v)+P(\{1,3\},v)+P(\{2,3\},v)\big)\\
&=\frac{1}{3}\times\left(\frac{7}{2}+2+2+\frac{5}{2}\right)=\frac{10}{3}
\end{aligned}$$

于是，

$$\mathrm{Sh}_1(N,v)=P(N,v)-P(\{2,3\},v)=\frac{10}{3}-\frac{5}{2}=\frac{5}{6},$$

$$\mathrm{Sh}_2(N,v) = P(N,v) - P(\{1,3\},v) = \frac{10}{3} - 2 = \frac{4}{3},$$
$$\mathrm{Sh}_3(N,v) = P(N,v) - P(\{1,2\},v) = \frac{10}{3} - 2 = \frac{4}{3}$$

下面给出势函数 P 的两种显式描述。其中，第一种类似于式 (2.1)，第二种利用了定理 1.1 用到的 Harsanyi 红利。

定理 2.23 对任意的 $(N,v)\in\mathcal{G}$，有[64, 65]

$$P(N,v) = \sum_{S\subseteq N} \frac{(s-1)!(n-s)!}{n!} v(S)$$

或

$$P(N,v) = \sum_{T\in 2^N\setminus\varnothing} \frac{c_T}{t}$$

Béal 等[57] 利用无效化算子 (nullification approach)，提出了无效化势函数 (nullified potential)。

定义 2.4 对 $\mathcal{G}$ 上的任意实值函数 P[57]，如果：

(1) $P(\varnothing,v)=0$，

(2) 对任意的 $(N,v)\in\mathcal{G}$，都有

$$\sum_{i\in N} \left(P(N,v) - P(N,v^{-i})\right) = v(N)$$

则称 P 为 $\mathcal{G}$ 上的 (无效化) 势函数。

定理 2.24 $\mathcal{G}$ 上的 (无效化) 势函数是唯一的，且各局中人在 (无效化) 势函数中关于全局联盟的边际贡献即为其 Shapley 值，即对任意的 $(N,v)\in\mathcal{G}$ 及 $i\in N$[57]，都有

$$\mathrm{Sh}_i(N,v) = P(N,v) - P(N,v^{-i})$$

利用势函数思想，Calvo 和 Santos[66] 提出了可容许势函数 (admits a potential) 的概念。

定义 2.5 任取 $\mathcal{G}$ 上的值 φ。若存在 $\mathcal{G}$ 上的实值函数 P，使得对任意的 $(N,v)\in\mathcal{G}(N\neq\varnothing)$ 及 $i\in N$，都有

$$\varphi_i(N,v) = P(N,v) - P(N\setminus i,v)$$

则称 φ 是可容许势函数。

值 φ 的可容许势函数代表它可描述成 $\mathcal{G}$ 上实值函数 P 的边际贡献，但函数 P 无需满足式 (2.10)，因而可容许势函数概念中的势函数与定义 2.3 并不相同。

对任意的 $(N,v)\in\mathcal{G}$，定义 $(N,v^{\varphi})\in\mathcal{G}$，其中对任意的 $S\subseteq N$，有

$$v^{\varphi}(S)=\sum_{i\in S}\varphi_i(N,v)$$

定理 2.25 $\mathcal{G}$ 上值 φ 的可容许势函数当且仅当它满足如下性质之一：

(1) 它是可拆分的[13]；

(2) 它满足均衡贡献性[66]；

(3) 对任意的 $(N,v)\in\mathcal{G}$，有[67]

$$\varphi(N,v)=\mathrm{Sh}(N,v^{\varphi})$$

2.2.9 缩减合作博弈一致性

给定合作博弈 (N,v) 及其上的值 φ。若收益分配需逐步进行，且部分局中人拿到收益后离开全局联盟，则剩下的局中人有可能面临一个新的分配问题。Hart 和 Mas-Colell[64] 最早提出缩减合作博弈 (reduced game)，常写成 HM-缩减合作博弈，以区别于其他形式的缩减合作博弈。HM-缩减合作博弈主要用于描述这类分配问题。缩减合作博弈一致性 (reduced game consistency) 要求各局中人在缩减合作博弈中的收益等于他在原合作博弈中的收益。

定义 2.6 任取 $\mathcal{G}$ 上的值 φ，$(N,v)\in\mathcal{G}$ 及 $T\in 2^N\setminus\varnothing$。$T$ 上关于 φ 的 HM-缩减合作博弈是一合作博弈 (T,v_T^{φ})，其中对任意的 $S\subseteq T$，有

$$v_T^{\varphi}(S)=v\big(S\cup(N\setminus T)\big)-\sum_{i\in N\setminus T}\varphi_i\big(S\cup(N\setminus T),v\big) \tag{2.12}$$

式 (2.12) 描述 $T\setminus S$ 脱离全局联盟后 S 的处境。假设此时 S 可继续与 $N\setminus T$ 合作，并保持原来的分配方法 (即 φ) 不变，则式 (2.12) 刚好代表 $N\setminus T$ 拿走自身收益后全局联盟价值的剩余，即 S 所能得到的收益。类似于均衡贡献性，这一收益可以理解成 S 相对于 $T\setminus S$ 的“势”。

公理 2.28 HM-缩减合作博弈一致性：对任意的合作博弈 $(N,v)\in\mathcal{G}$，联盟 $T\in 2^N\setminus\varnothing$ 及局中人 $i\in T$，有[64]

$$\varphi_i(N,v)=\varphi_i(T,v_T^{\varphi})$$

HM-缩减合作博弈一致性要求 T 中的局中人在原合作博弈中的收益与在缩减合作博弈中的收益相等。它在原合作博弈与子合作博弈的收益分配向量之间建

立了联系，因此可用于将子合作博弈的收益分配向量“传递”到原合作博弈。Hart 和 Mas-Colell[64] 证明，给这一“传递”过程赋予二人均分剩余性 (standardness for two-player games) 这一初始条件，则“传递”的结果就是 Shapley 值。

公理 2.29 二人均分剩余性①：对任意的二人合作博弈 $(\{i,j\},v)\in\mathcal{G}^N$，都有

$$\varphi_i(N,v)=v(i)+\frac{v(\{i,j\})-v(i)-v(j)}{2}$$

顾名思义，二人均分剩余性要求二人合作博弈中各局中人先获得自身价值，再将全局联盟价值的剩余在二人之间均分。

定理 2.26 Shapley 值是 $\mathcal{G}$ 上唯一同时满足 HM-缩减合作博弈一致性及二人均分剩余性的值[64]。

HM-缩减合作博弈假设 S 在摆脱 $T\setminus S$ 后，继续与 $N\setminus T$ 合作。对应地，Sobolev[70] 则假设 S 仅以一定的概率继续与 $N\setminus T$ 合作，并由此定义了一种缩减合作博弈，也称为 S-缩减合作博弈。

定义 2.7 任取 $\mathcal{G}$ 上一满足有效性的值 φ，$(N,v)\in\mathcal{G}$ 及 $j\in N$。$N\setminus j$ 上关于 φ 的 S-缩减合作博弈是一合作博弈 $(N\setminus j,v^{\varphi}_{N\setminus j})$，其中对任意的 $S\subseteq T$，有[70]

$$v^{\varphi}_{T}(S)=\frac{s}{n-1}\big(v(S\cup j)-\varphi_j(N,v)\big)+\frac{n-s-1}{n-1}v(S)$$

在 S-缩减合作博弈中，$N\setminus j$ 中的联盟 S 以概率 $s/(n-1)$ 继续与 j 合作，并付给 j 其在原合作博弈中的收益 $\varphi_j(N,v)$，以概率 $(n-s-1)/(n-1)$ 不与 j 合作而选择单干，最终 S 的价值即其期望收益。

定理 2.27 Shapley 值是 $\mathcal{G}$ 上唯一同时满足 S-缩减合作博弈一致性及二人均分剩余性的值②[70]。

除了 HM-缩减合作博弈及 S-缩减合作博弈，Namekata 和 Driessen[71] 也给出了一种缩减合作博弈，并利用相应的缩减合作博弈一致性、协变性和对称性刻画了 Shapley 值。由于该缩减合作博弈缺乏直观的解释，在此忽略。Kleinberg[72] 给出了所有同时满足有效性、线性性、对称性及 S-缩减合作博弈一致性的值。

2.2.10 伴随合作博弈一致性

虽然缩减合作博弈一致性在原合作博弈与缩减合作博弈的收益分配向量间建立了联系，但缩减合作博弈的局中人集与原合作博弈并不相同。于是，为了得到

① Hart 和 Mas-Colell[64]、van den Brink 和 Funaki[68] 及 van den Brink 等[69] 都将这一公理替换成了其他公理的组合。

② 在 HM-缩减合作博弈一致性中将 HM-缩减合作博弈替换成 S-缩减合作博弈即得 S-缩减合作博弈一致性。后面的其他缩减合作博弈一致性也可用类似的方式得到。

原合作博弈的收益分配向量，必须构造足够多的缩减合作博弈。与此不同，Hamiache[73] 定义了伴随合作博弈 (associated game，也称为 H-伴随合作博弈) 及伴随合作博弈一致性 (associated game consistency)。H-伴随合作博弈的局中人集与原合作博弈相同，H-伴随合作博弈一致性则在原合作博弈与 H-伴随合作博弈的收益分配向量间建立了联系。

定义 2.8 对任意的 $(N,v)\in\mathcal{G}$ 及 $\lambda\in\mathbb{R}$，其 H-伴随合作博弈 I，记为 (N,v_λ^*)，是一合作博弈，其中对任意的 $S\subseteq N$，有[73]

$$v_\lambda^*(S)=v(S)+\lambda\sum_{j\in N\setminus S}\big(v(S\cup j)-v(S)-v(j)\big)$$

Hamiache[73] 对式 (2.8) 作出了如下解释。假设 S 中的局中人因"近视"而看不到 $N\setminus S$ 中局中人间的合作关系。此时，S 选择与 $N\setminus S$ 中的局中人依次合作，并按一定比例 λ 分配合作所带来的附加值。于是，S 对自身收益的估值即为 $v_\lambda^*(S)$。

公理 2.30 H-伴随合作博弈 I 一致性：对任意的 $(N,v)\in\mathcal{G}^N$ 及 $\lambda\in\mathbb{R}$，都有

$$\varphi(N,v)=\varphi(N,v_\lambda^*)$$

H-伴随合作博弈 I 一致性要求原合作博弈的收益分配向量和 H-伴随合作博弈 I 的收益分配向量相等。Hamiache[73] 利用它与如下的非本质合作博弈性 (inessential game property) 和连续性 (continuity) 刻画了 Shapley 值。

定义 2.9 对任意的合作博弈 $(N,v)\in\mathcal{G}^N$，如果任取 $S\subseteq N$，都有

$$v(S)=\sum_{i\in S}v(i)$$

则称 (N,v) 是非本质合作博弈 (inessential game)。

非本质合作博弈中，局中人之间的合作不能产生任何附加值，即任何局中人都是哑局中人。对应地，非本质合作博弈性则要求非本质合作博弈中任何局中人只能收获自身价值。

公理 2.31 非本质合作博弈性：对任意的非本质合作博弈 $(N,v)\in\mathcal{G}^N$ 及局中人 $i\in N$，都有

$$\varphi_i(N,v)=v(i)$$

公理 2.32 连续性：对任意点收敛的合作博弈序列 $\{(N,v_l)\}_{l=1}^\infty$，有

$$\lim_{l\to\infty}\varphi(N,v_l)=\varphi\lim_{l\to\infty}(N,v_l) \tag{2.13}$$

式 (2.13) 要求收益分配向量的极限与极限合作博弈的收益分配向量相等。如果将值看作合作博弈空间上的一个算子，则该式要求极限运算与该算子可交换顺序。

定理 2.28　当 $0 < \lambda < 2/n$ 时，Shapley 值是 $\mathcal{G}^N$ 上唯一同时满足非本质合作博弈性、H-伴随合作博弈 I 一致性及连续性的值[73]①。

Kleinberg[74] 进一步提出，任意满足线性性、匿名性及 H-伴随合作博弈 I 一致性的值都是 Shapley 值和均分值的线性组合。

定理 2.29　若 $\mathcal{G}^N$ 上的值 φ 满足线性性、匿名性及 H-伴随合作博弈 I 一致性，则对任意的 $(N, v) \in \mathcal{G}^N$，都有 $\{\alpha, \beta\} \subseteq \mathbb{R}$，使得[74]

$$\varphi(N, v) = \alpha \mathrm{Sh}(N, v) + \beta \mathrm{ED}(N, v)$$

① Hamiache[75] 及 Béal 等[76] 都给出了这一定理的新证明。

第 3 章　合作博弈的其他单值解

第 2 章详细介绍了合作博弈的 Shapley 值。本章将进一步介绍合作博弈的其他单值解，具体包括均分值、均分剩余值、均分 Shapley 值 (egalitarian Shapley value)、一致值 (consensus value)、团结值 (solidarity value)、最小二乘预核仁 (least square prenucleolus)、Banzhaf 值、τ 值、比例值 (proportional value)。值得一提的是，本书的作者之一李登峰将这些值扩展到了区间值合作博弈 (interval-valued cooperative game)[77]。

3.1　合作博弈的均分值和均分剩余值

Shapley 值依据边际贡献在局中人间分配全局联盟价值。于是，边际贡献越大的局中人收益越多。相应地，边际贡献始终为 0 的局中人 (即无效局中人)，收益为 0。由此，利用 Shapley 值进行收益分配会加剧两极分化。与此不同，均分值和均分剩余值主要基于均分思想，并由此在全体局中人间分配全局联盟价值。

3.1.1　均分值和均分剩余值的定义

均分值在全体局中人间均分全局联盟价值。

定义 3.1　对任意的 $(N,v)\in\mathcal{G}$ 及 $i\in N$，i 在 (N,v) 中的均分值

$$\mathrm{ED}_i(N,v)=\frac{v(N)}{n}$$

均分剩余值[10] 先赋予局中人其自身价值，再将全局联盟价值剩余的部分在全体局中人间均分。

定义 3.2　对任意的 $(N,v)\in\mathcal{G}$ 及 $i\in N$，i 在 (N,v) 中的均分剩余值

$$\mathrm{ESD}_i(N,v)=v(i)+\frac{v(N)-\sum_{j\in N}v(j)}{n}$$

均分剩余值在特征函数满足一定条件下会与 Shapley 值等价。最近，Yokote 等[78] 给出了一组这样的条件。然而，其条件缺乏比较直观的解释，此处忽略。

3.1.2 均分值和均分剩余值的公理化刻画

1. 无效局中人

Shapley 值基于边际贡献，因而赋予无效局中人零收益。对应地，均分值完全基于均分思想，因而赋予无效局中人全局联盟价值的平均值，即满足无效局中人平均收益性 (null player average payoff)[79]。

公理 3.1 无效局中人平均收益性：对任意的合作博弈 $(N,v)\in\mathcal{G}^N$，若 $i\in N$ 是其无效局中人，则

$$\varphi_i(N,v)=\frac{v(N)}{n}$$

定理 3.1 均分值是 $\mathcal{G}^N$ 上唯一同时满足有效性、可加性、对称性及无效局中人平均收益性的值[79]。

Radzik 和 Driessen[79] 提出了人均无效局中人 (per-capita null player) 的概念，并用其来刻画均分值。

定义 3.3 对任意的 $(N,v)\in\mathcal{G}$ 及 $i\in N$，若任取 $S\subseteq N\setminus i(S\neq\varnothing)$，都有[61,79]

$$\frac{v(S\cup i)}{s+1}=\frac{v(S)}{s}$$

则称 i 为 (N,v) 的人均无效局中人。

人均无效局中人加入任何联盟都不会改变该联盟的人均价值。对应地，人均无效局中人平均收益性 (per-capita null player average payoff)[79] 则要求人均无效局中人收获全局联盟价值的平均值。

公理 3.2 人均无效局中人平均收益性：对任意的合作博弈 $(N,v)\in\mathcal{G}^N$，若 $i\in N$ 是其人均无效局中人，则

$$\varphi_i(N,v)=\frac{v(N)}{n}$$

定理 3.2 均分值是 $\mathcal{G}^N$ 上唯一同时满足有效性、可加性、对称性及人均无效局中人平均收益性的值[79]。

Kamijo 和 Kongo[61] 将人均无效局中人称为比例局中人 (proportional player)，并利用比例局中人零贡献性 (proportional player out property) 来刻画均分值。

公理 3.3 比例局中人零贡献性：对任意的合作博弈 $(N,v)\in\mathcal{G}$，若 $i\in N$ 是其比例局中人，则任取局中人 $j\in N\setminus i$，都有

$$\varphi_j(N,v)=\varphi_j(N\setminus i,v)$$

类似于无效局中人零贡献性，比例局中人零贡献性要求比例局中人退出全局联盟不影响其他局中人的收益。

定理 3.3 均分值是 $\mathcal{G}$ 上唯一同时满足有效性、比例局中人零贡献性及如下两组性质之一的值[61]：

(1) 周期均衡贡献性；

(2) 可加性和对称性。

对比定理 2.20 与定理 3.3 可知，Shapley 值与均分值的区别在于哪类局中人退出全局联盟不影响其他局中人的收益。

2. 注销局中人和瓦解局中人

van den Brink[32] 利用有效性、可加性、对称性及注销性 (nullifying player property) 来刻画均分值。对应地，Casajus 和 Huettner[33] 利用有效性、可加性、对称性及瓦解性 (dummifying player property) 来刻画均分剩余值。由此，均分值和均分剩余值的区别被归结为以下公理。

公理 3.4 注销性：对任意的 $(N,v)\in\mathcal{G}^N$，若 $i\in N$ 是其注销局中人，则

$$\varphi_i(N,v)=0$$

注销性要求注销局中人获得零收益。由于注销局中人不仅自身不能创造价值，还不能给其他联盟创造附加值，因而要求注销局中人收益为 0 是一条非常合理的要求。

定理 3.4 均分值是 $\mathcal{G}^N$ 上唯一同时满足有效性、可加性、对称性及注销性的值[32]。

对比定理 2.1 与定理 3.4 可知，Shapley 值与均分值的区别仅在于零收益得主的不同。

定理 3.4 的对称性可换成对称局中人均衡贡献性[59]。另外，其中的有效性、可加性及对称性也可换成加法协变性、转移协变性及协变性[48]。

注销局中人不仅自身不能创造价值，还会瓦解其他联盟中的结盟关系，进而破坏联盟内部局中人的价值。与之对应，瓦解局中人仅会瓦解其他联盟中的结盟关系，而不会破坏联盟内部局中人的价值。因而，瓦解性要求瓦解局中人收获其自身价值。

公理 3.5 瓦解性：对任意的 $(N,v)\in\mathcal{G}^N$，若 $i\in N$ 是其瓦解局中人，则

$$\varphi_i(N,v)=v(i)$$

定理 3.5 均分剩余值是 $\mathcal{G}^N$ 上唯一同时满足有效性、可加性、对称性及瓦解性的值[33]。

定理 2.20 提出 Shapley 值满足无效局中人零贡献性，即无效局中人对其他局中人收益的影响为零，从而直接退出全局联盟也不会影响其他局中人的收益。对应地，均分值满足注销局中人保值性 (invariance from player deletion in presence of a nullifying player)[80]。它要求当有局中人退出全局联盟时，只要注销局中人继续留下，则剩余局中人的收益不变。

公理 3.6　注销局中人保值性：对任意的 $(N,v)\in\mathcal{G}$，若 $i\in N$ 是其注销局中人，则任取 $j\in N\setminus i$ 及 $k\in N\setminus j$，都有

$$\varphi_k(N,v)=\varphi_k(N\setminus j,v)$$

定理 3.6　均分值是 $\mathcal{G}$ 上唯一同时满足有效性、注销局中人保值性及如下两组性质之一的值[80]：

(1) 周期均衡贡献性；

(2) 可加性和对称性。

对比定理 2.20 与定理 3.6 可知，Shapley 值与均分值的区别在于哪类局中人退出/留下不会影响其他局中人的收益。Shapley 值要求无效局中人退出全局联盟不影响其他局中人的收益，均分值则要求注销局中人留下以保持其他局中人的收益不变。对应地，均分剩余值则要求瓦解局中人留下以保持其他局中人的收益不变，即满足瓦解局中人保值性 (invariance from player deletion in presence of a dummifying player)[80]。

公理 3.7　瓦解局中人保值性：对任意的 $(N,v)\in\mathcal{G}$，若 $i\in N$ 是其瓦解局中人，则任取 $j\in N\setminus i$ 及 $k\in N\setminus j$，都有

$$\varphi_k(N,v)=\varphi_k(N\setminus j,v)$$

定理 3.7　均分剩余值是 $\mathcal{G}$ 上唯一同时满足有效性、瓦解局中人保值性及如下两组性质之一的值[80]：

(1) 周期均衡贡献性；

(2) 可加性和对称性。

3. 协变性

类似于定理 2.8，定理 3.4 的可加性和注销性也可弱化成如下的联盟标准策略等价性 (coalitional standard equivalence)[32]。

公理 3.8　联盟标准策略等价性：对任意的合作博弈 $\{(N,u),(N,v)\}\subseteq\mathcal{G}^N$ 及 $i\in N$，若 i 是 (N,u) 的注销局中人，则

$$\varphi_i(N,u+v)=\varphi_i(N,v)$$

由于 i 是 (N,u) 的注销局中人，因而合作博弈 $(N,u+v)$ 与 (N,v) 之间存在如下联系：对任意的 $S\subseteq N\setminus i$，有

$$(u+v)(S\cup i)=v(S\cup i)$$

即任意包含 i 的联盟在 $(N,u+v)$ 中的价值与其在 (N,v) 中的价值相等。联盟标准策略等价性将 $(N,u+v)$ 与 (N,v) 之间的这种联系转化成其中局中人 i 收益之间的联系，即要求 i 在两个合作博弈中的收益相等。显然，可加性及注销性蕴含联盟标准策略等价性。

定理 3.8 均分值是 $\mathcal{G}$ 上唯一同时满足有效性、联盟标准策略等价性及如下两组性质之一的值[32,59]①：

(1) 对称性；

(2) 对称局中人均衡贡献性。

对应地，将联盟标准策略等价性中的注销局中人换成瓦解局中人，就得到了联盟剩余等价性 (coalitional surplus equivalence)[33]。

公理 3.9 联盟剩余等价性：对任意的合作博弈 $\{(N,u),(N,v)\}\subseteq\mathcal{G}^N$ 及 $i\in N$，若 i 是 (N,u) 的瓦解局中人，则

$$\varphi_i(N,u+v)=\varphi_i(N,v)+u(i)$$

由于 i 是 (N,u) 的瓦解局中人，因此合作博弈 $(N,u+v)$ 与 (N,v) 之间存在如下联系：对任意的 $S\subseteq N\setminus i$，有

$$(u+v)(S\cup i)=v(S\cup i)+\sum_{j\in S\cup i}u(j)$$

即任意包含 i 的联盟在 $(N,u+v)$ 中的价值等于其在 (N,v) 中的价值与其中局中人在 (N,u) 中的价值之和。联盟剩余等价性将 $(N,u+v)$ 与 (N,v) 之间的这种联系转化成其中局中人 i 收益之间的联系，即要求 i 在 $(N,u+v)$ 中的收益等于其在 (N,v) 中的收益与在 (N,u) 中的价值之和。显然，可加性和瓦解性蕴含联盟剩余等价性。

定理 3.9 均分剩余值是 $\mathcal{G}^N$ 上唯一同时满足有效性、对称性及联盟剩余等价性的值[33]。

4. 单调性和联盟价值依赖性

Shapley 值是基于边际贡献的合作博弈值，因而满足边际贡献性。对应地，均分值是基于联盟价值的合作博弈值，因而满足如下的联盟价值依赖性。

① 若选择第一组条件，则定理 3.8 也适用于 $\mathcal{G}^N$。

公理 3.10 联盟价值依赖性：对任意的 $\{(N,u),(N,v)\} \subseteq \mathcal{G}^N$ 及 $i \in N$，若任取包含 i 的联盟 $S \subseteq N$，都有 $u(S) = v(S)$，则

$$\varphi_i(N,u) = \varphi_i(N,v)$$

联盟价值依赖性要求局中人的收益仅与包含他的联盟的价值有关。显然，联盟价值依赖性蕴含了联盟标准策略等价性。于是，由定理 3.8 可得到如下推论。

推论 3.1 均分值是 $\mathcal{G}^N$ 上唯一同时满足有效性、对称性及联盟价值依赖性的值。

定理 2.11 与推论 3.1 分别抓住了 Shapley 值基于边际贡献和均分值基于联盟价值的特点。然而，由于均分值仅基于全局联盟价值，因而联盟价值依赖性中关于非全局联盟的要求是冗余的。尽管如此，van den Brink[32] 证明，保留这一冗余后，对称性可弱化为弱对称性 (weak symmetry)，但联盟价值依赖性也需加强成联盟单调性 (coalitional monotonicity)。

公理 3.11 弱对称性：对任意的 $(N,v) \in \mathcal{G}^N$，如果其中任意两个局中人都对称，则存在常数 $c \in \mathbb{R}$，使得对任意的 $i \in N$，都有

$$\varphi_i(N,v) = c$$

弱对称性要求所有局中人都对称，他们都拥有相同的收益。显然，对称性蕴含弱对称性。

公理 3.12 联盟单调性：对任意的合作博弈 $\{(N,u),(N,v)\} \subseteq \mathcal{G}^N$ 及局中人 $i \in N$，若任取联盟 $S \subseteq N \setminus i$，都有

$$u(S \cup i) \geqslant v(S \cup i)$$

则

$$\varphi_i(N,u) \geqslant \varphi_i(N,v)$$

联盟单调性要求局中人的收益随着包含他的联盟的价值增加而增加。显然，它是强单调性的变体。

定理 3.10 均分值是 $\mathcal{G}^N$ 上唯一同时满足有效性、弱对称性及联盟单调性的值[32]。

定理 3.10 将联盟单调性替换成如下的联盟剩余单调性 (coalitional surplus monotonicity)[33] 即可刻画均分剩余值。

公理 3.13 联盟剩余单调性：对任意的合作博弈 $\{(N,u),(N,v)\} \subseteq \mathcal{G}^N$ 及局中人 $i \in N$，若任取包含 i 的联盟 $S \subseteq N$，都有

$$u(S) - \sum_{i \in S} u(i) \geqslant v(S) - \sum_{i \in S} v(i)$$

则

$$\varphi_i(N,u) \geqslant \varphi_i(N,v)$$

联盟剩余单调性要求局中人收益随着联盟剩余增加而增加。联盟剩余是指其中的局中人因合作而得到的额外价值。

定理 3.11 均分剩余值是 $\mathcal{G}^N$ 上唯一同时满足有效性、对称性及联盟剩余单调性的值[33]。

5. 缩减合作博弈一致性

van den Brink 和 Funaki[68] 提出了一种缩减合作博弈，为区别起见，称为 BF-缩减合作博弈。他们利用缩减合作博弈一致性刻画了均分值、均分剩余值及均分剩余值的对偶三者的凸组合。作为这一刻画的特殊情况，他们也刻画了均分值和均分剩余值。

定义 3.4 任取 $(N,v)\in\mathcal{G}$，$j\in N$ 及 $x\in\mathbb{R}^N$。$N\setminus j$ 上关于 j 和 x 的 BF-缩减合作博弈 $(N\setminus j, v^x)$ 是一合作博弈①，其中[68]：

(1) 若 $n\geqslant 4$，则对任意的 $S\subseteq N$，有

$$v^x(S)=\begin{cases} v(S\cup j)-x_j &, \quad S\subseteq N\setminus j\text{且}s\geqslant n-2\\ v(S) &, \quad S\subsetneqq N\setminus j\text{且}s<n-2\end{cases}$$

(2) 若 $n=3$，则对任意的 $S\subseteq N$，有

$$v^x(S)=\begin{cases} v(N)-x_j &, \quad S=N\setminus j\\ v(S) &, \quad S\subsetneqq N\setminus j\end{cases}$$

在 BF-缩减合作博弈中，联盟 S 是否能与离开的局中人 j 继续合作取决于它的势。若 $s=n-2$ 且 $n\geqslant 4$，或 $s=2$ 且 $n=3$，则 S 可与 j 合作，否则不行。

定理 3.12 均分剩余值是 $\mathcal{G}$ 上唯一同时满足有效性、二人均分剩余性及 BF-缩减合作博弈一致性的值[68]。

将定理 3.12 的二人均分剩余性换成二人均值性 (egalitarian standardness for two-player games)[68] 即能刻画均分值。

公理 3.14 二人均值性：对任意的二人合作博弈 $(\{i,j\},v)\in\mathcal{G}^N$，都有

$$\varphi_i(N,v)=\frac{v(\{i,j\})}{2}$$

---

① 由于 van den Brink 和 Funaki[68] 刻画的是均分值、均分剩余值及均分剩余值的对偶三者的凸组合，而本书仅关注其中的均分值和均分剩余值这两种特殊情况，因此书中对缩减合作博弈的定义进行了相应的简化。

定理 3.13 均分值是 $\mathcal{G}$ 上唯一同时满足有效性、二人均值性及 BF-缩减合作博弈一致性的值[68]。

van den Brink 等[69] 进一步研究了均分值和均分剩余值。他们提出，将 BF-缩减合作博弈更改为投影缩减合作博弈 (projected reduced game) 后，定理 3.12 和定理 3.13 可以去掉有效性。

定义 3.5 任取满足 $n \geqslant 3$ 的合作博弈 $(N,v) \in \mathcal{G}$，$j \in N$ 及 $x \in \mathbb{R}^N$。$N \setminus j$ 上关于 j 和 x 的投影缩减合作博弈 $(N \setminus j, v^x)$ 是一合作博弈，其中对任意的 $S \subseteq N$[69]，有

$$v^x(S) = \begin{cases} v(N) - x_j &, \quad S = N \setminus j \\ v(S) &, \quad S \subsetneqq N \setminus j \end{cases}$$

投影缩减合作博弈中，任意非全局联盟的价值与其在原合作博弈中的价值相等，全局联盟的价值等于其“剩余收益”，即 j 拿走自身收益后，$N \setminus j$ 所能收获的剩余收益。

6. 伴随合作博弈一致性

类似于 Hamiache[73]，Xu 等[81] 提出了一种缩减合作博弈，也称为 X-缩减合作博弈，并利用伴随合作博弈一致性刻画了均分剩余值。

定义 3.6 对任意的 $(N,v) \in \mathcal{G}^N$ 及 $\lambda \in \mathbb{R}$，与之相关的 X-伴随合作博弈 (N, v_λ^*) 是一合作博弈，其中对任意的 $S \subseteq N$[81]，有

$$v_\lambda^*(S) = v(S) + \lambda\left(\frac{s}{n}\left(v(N) - \sum_{j\in N} v(j)\right) - \left(v(S) - \sum_{j\in S} v(j)\right)\right)$$

Shapley 值基于边际贡献，因而与其对应的伴随合作博弈中联盟 S 的剩余收益即为其加权集结剩余收益，即

$$\lambda \sum_{j\in N\setminus S} \big(v(S\cup j) - v(S) - v(j)\big)$$

均分剩余值基于剩余值，因而与其对应的伴随合作博弈中联盟 S 的剩余收益即为其集结剩余收益，即

$$\lambda\left(\frac{s}{n}\left(v(N) - \sum_{j\in N} v(j)\right) - \left(v(S) - \sum_{j\in S} v(j)\right)\right)$$

定理 3.14 均分剩余值是 $\mathcal{G}^N$ 上唯一同时满足非本质合作博弈性、X-伴随合作博弈一致性及连续性的值[81]。

7. 个体理性和非负性

个体理性 (individual rationality)[68] 与非负性 (non-negativity)[68] 都通过某种方式给局中人的收益设置下限。个体理性要求合作盈利时，所有局中人都应从中受益，即其收益大于自身价值。非负性要求合作博弈中所有联盟价值均非负时，局中人收益也非负。

公理 3.15 个体理性：对任意的 $(N,v)\in\mathcal{G}^N$，如果

$$\sum_{i\in N} v(i) \leqslant v(N)$$

则任取 $i\in N$，都有

$$\varphi_i(N,v) \geqslant v(i)$$

公理 3.16 非负性：对任意的 $(N,v)\in\mathcal{G}^N$，若任取 $S\subseteq N$，都有

$$v(S) \geqslant 0$$

则任取 $i\in N$，都有

$$\varphi_i(N,v) \geqslant 0$$

van den Brink 和 Funaki[68] 利用有效性、可加性、对称性及非负性/个体理性来刻画均分值/均分剩余值。由此，均分值/均分剩余值与 Shapley 值的区别也被归结为以下定理。

定理 3.15 均分 (剩余) 值是 $\mathcal{G}^N$ 上唯一同时满足有效性、可加性、对称性及非负性 (个体理性) 的值[68]。

8. 团结性

单调性仅要求局中人收益随着某些因素 (如联盟价值、局中人边际贡献、局中人差分边际贡献) 增加而增加。团结性 (solidarity) 仅要求局中人收益随着某些因素 (如全局联盟人口数、联盟价值、局中人边际贡献、局中人差分边际贡献等) 的增加而发生相同方向的变化 (同时增加或减小)。

Chun 和 Park[82] 最早利用人口团结性 (population solidarity) 来刻画均分剩余值。它要求合作博弈中有新局中人加入时，原始局中人收益会受到相同方向的影响 (同时增加或减少)。随后，van den Brink 等[69] 证明了均分值和均分剩余值都满足人口团结性。

公理 3.17 人口团结性：对任意的 $\{(N,u),(N',v)\}\subseteq\mathcal{G}$，如果：

(1) $N\subseteq N'$；

(2) 对任意的 $S\subseteq N$，都有 $u(S)=v(S)$；

则任取 $i \in N$，都有

$$\varphi_i(N,u) \leqslant \varphi_i(N,v) \text{ 或 } \varphi_i(N,u) \geqslant \varphi_i(N,v)$$

定理 3.12 和定理 3.13 的缩减合作博弈一致性可换成人口团结性。

定理 3.16 均分 (剩余) 值是 $\mathcal{G}$ 上唯一同时满足有效性、二人均值 (均分剩余) 性及人口团结性的值[69]。

Béal 等[83] 提出了一种无效化团结性 (nullified solidarity)。它要求某个局中人被无效化时，所有局中人 (包括被无效化的局中人) 收益朝相同的方向变化。

公理 3.18 无效化团结性：对任意的 $(N,v) \in \mathcal{G}^N$，$i \in N$ 及 $j \in N \setminus i$，有

$$\varphi_j(N,v) \leqslant \varphi_j(N,v^{-i}) \text{ 或 } \varphi_j(N,v) \geqslant \varphi_j(N,v^{-i})$$

定理 3.17 均分值是 $\mathcal{G}^N$ 上唯一同时满足有效性、差分边际贡献性、零合作博弈性及无效化团结性的值[83]①。

9. 无效化均分损失性

无效化均分损失性 (nullified equal loss property)[84] 要求合作博弈中的一个局中人变成无效局中人对其他所有局中人收益造成相同程度的影响。显然，它是无效均衡边际贡献性的变体。

公理 3.19 无效化均分损失性：对任意的 $(N,v) \in \mathcal{G}^N$ 及 $\{i,j,h\} \subseteq N$，都有

$$\varphi_i(N,v) - \varphi_i(N,v^{-h}) = \varphi_j(N,v) - \varphi_j(N,v^{-h})$$

Ferrières[84] 利用有效性、无效化分均损失性及两条直接指定非本质合作博弈中各局中人收益的公理，即非本质合作博弈均分性 (equal division for inessential game) 和非本质合作博弈性，来刻画均分值和均分剩余值。

公理 3.20 非本质合作博弈均分性：对任意的非本质合作博弈 $(N,v) \in \mathcal{G}^N$ 及 $i \in N$，都有

$$\varphi_i(N,v) = \frac{\sum_{j\in N} v(j)}{n}$$

非本质合作博弈中，局中人之间合作不会产生任何附加值。非本质合作博弈性和非本质合作博弈均分性分别要求在非本质合作博弈中，各局中人收获自身价值和全局联盟价值的平均值。

定理 3.18 均分 (剩余) 值是 $\mathcal{G}^N$ 上唯一同时满足有效性、非本质合作博弈均分性 (非本质合作博弈性) 及无效化均分损失性的值[84]。

① 事实上，Béal 等[83] 利用的是差分边际贡献性的一个弱化。然而，该弱化缺乏比较直观的解释，故本书忽略。

3.2 合作博弈的均分 Shapley 值

3.2.1 均分 Shapley 值的定义

Shapley 值完全基于边际贡献，因而注重分配的效率 (即激励作用)。均分值在全体局中人间均分全局联盟价值，比较注重分配的公平性。二者的凸组合，即均分 Shapley 值 (egalitarian Shapley value)[85]，兼顾了效率和公平。

定义 3.7 对任意的 $(N,v)\in\mathcal{G}$，$\alpha\in[0,1]$ 及 $i\in N$，i 在 (N,v) 中的 α-均分 Shapley 值是其 Shapley 值与均分值的 α-凸组合，即[85]

$$\mathrm{ESh}_i^{\alpha}(N,v)=\alpha\mathrm{Sh}_i(N,v)+(1-\alpha)\mathrm{ED}_i(N,v)$$

α-均分 Shapley 值赋予局中人其 Shapley 值的 α 份额及其均分值的 $1-\alpha$ 份额，是 Shapley 值和均分值之间的折中，兼顾了效率和公平。它等价于一个特殊合作博弈的 Shapley 值。

定理 3.19 对任意的 $(N,v)\in\mathcal{G}$，$\alpha\in[0,1]$ 及 $i\in N$，都有[86]

$$\mathrm{ESh}_i^{\alpha}(N,v)=\mathrm{Sh}_i\big(N,\alpha v+(1-\alpha)v(N)u_N\big)$$

3.2.2 均分 Shapley 值的公理化刻画

1. *无效局中人*

Shapley 值基于边际贡献，因而赋予无效局中人零收益。均分值基于均分思想，因而赋予无效局中人全局联盟价值的平均值。作为 Shapley 值与均分值的凸组合，均分 Shapley 值赋予无效局中人全局联盟价值平均值的 $1-\alpha$ 份额，即满足无效局中人 $(1-\alpha)$-平均收益性 (null player $(1-\alpha)$-average payoff)[79,85]。

公理 3.21 无效局中人 $(1-\alpha)$-平均收益性：对任意的合作博弈 $(N,v)\in\mathcal{G}^N$，若 $i\in N$ 是其无效局中人，则

$$\varphi_i(N,v)=(1-\alpha)\frac{v(N)}{n}$$

定理 3.20 对任意的 $\alpha\in[0,1]$，α-均分 Shapley 值是 $\mathcal{G}^N$ 上唯一同时满足有效性、可加性、对称性和无效局中人 $(1-\alpha)$-平均收益性的值[79]。

无效局中人 $(1-\alpha)$-平均收益性缺乏一个比较直观的解释。类似于定理 2.1，Casajus 和 Huettner[51] 利用有效性、可加性、对称性及生产环境下的无效性 (null player in a productive environment) 这一无效性的变体来刻画均分 Shapley 值。

公理 3.22 生产环境下的无效性：对任意的 $(N,v)\in\mathcal{G}^N$ 及 $i\in N$，若

(1) $v(N) \geqslant 0$；

(2) i 是 (N,v) 的无效局中人；

则 $\varphi_i(N,v) \geqslant 0$。

生产环境下的无效性要求全局联盟价值非负时，无效局中人收益非负。由于无效局中人并不对社会构成危害，因而它不应该获得负收益。在生产环境下，社会也有义务对无效局中人进行一定程度的扶持。于是，生产环境下的无效性是一条非常合理的要求。

命题 3.1　$\mathcal{G}^N$ 上的值 φ 同时满足有效性、可加性、对称性及生产环境下的无效性当且仅当存在 $\alpha \leqslant 1$，使得 $\varphi = \mathrm{ESh}^{\alpha}$[51]。

命题 3.1 仅要求 $\alpha \leqslant 1$，并没有要求 α 非负，因而没有刻画均分 Shapley 值。为了得到均分 Shapley 值的公理化刻画，需将对称性加强成如下的需求性 (desirability)[87]。

公理 3.23　需求性：对任意的合作博弈 $(N,v) \in \mathcal{G}^N$ 及局中人 $\{i,j\} \subseteq N$，若任取联盟 $S \subseteq N \setminus \{i,j\}$，都有

$$v(S \cup i) \geqslant v(S \cup j)$$

则

$$\varphi_i(N,v) \geqslant \varphi_j(N,v)$$

需求性要求较大的边际贡献对应较大的收益。它非常类似于强单调性。然而，不同的是，强单调性是将同一个局中人在不同合作博弈中的收益进行纵向对比，需求性则是将不同局中人在同一合作博弈中的收益进行横向对比。因此，需求性也称局部单调性 (local monotonicity)。显然，需求性是对称性的加强。

定理 3.21　$\mathcal{G}^N$ 上的值 φ 同时满足有效性、可加性、需求性及生产环境下的无效性当且仅当存在 $\alpha \in [0,1]$，使得 $\varphi = \mathrm{ESh}^{\alpha}$[51]。

2. 单调性

Shapley 值满足强单调性[45]，即局中人收益随着边际贡献增加而增加。均分值满足联盟单调性[32]，即局中人收益随着联盟价值增加而增加。由于均分 Shapley 值是 Shapley 值与均分值的凸组合，因此它所满足的单调性应该同时考虑边际贡献和联盟价值，即满足弱单调性 (weak monotonicity)[86]。

公理 3.24　弱单调性：对任意的 $\{(N,u),(N,v)\} \subseteq \mathcal{G}^N$ 及 $i \in N$，若：

(1) $u(N) \geqslant v(N)$；

(2) 对任意的 $S \subseteq N \setminus i$，都有

$$u(S \cup i) - u(S) \geqslant v(S \cup i) - v(S)$$

则

$$\varphi_i(N,u) \geqslant \varphi_i(N,v)$$

同强单调性相比，弱单调性增加了对全局联盟价值的要求。具体地，它要求在全局联盟价值增加的情况下，局中人收益随着其边际贡献增加而增加。

定理 3.22 $\mathcal{G}^N$ 上的值 φ 同时满足有效性、可加性、对称性及弱单调性当且仅当存在 $\alpha \in [0,1]$，使得 $\varphi = \mathrm{ESh}^{\alpha}$[86]。

Casajus 和 Huettner[88] 指出，当 $n \neq 2$ 时，定理 3.22 可以去掉可加性。于是，当 $n \neq 2$ 且 $\alpha = 1$ 时，定理 3.22 对应于定理 2.11 在 $n \neq 2$ 时的特殊情况。

弱单调性既考虑了全局联盟价值，又考虑了边际贡献。当仅考虑边际贡献时，弱单调性等价于强单调性。当仅考虑全局联盟价值时，弱单调性退化为全局联盟单调性 (grand coalition monotonicity)[88]。

公理 3.25 全局联盟单调性：对任意的 $\{(N,u),(N,v)\} \subseteq \mathcal{G}^N$，若

$$u(N) \geqslant v(N)$$

则

$$\varphi(N,u) \geqslant \varphi(N,v)$$

由于均分值是唯一仅取决于全局联盟价值的均分 Shapley 值，故它也是唯一满足全局联盟单调性的均分 Shapley 值。

定理 3.23 当 $n \neq 2$ 时，均分值是 $\mathcal{G}^N$ 上唯一同时满足有效性、对称性及全局联盟单调性的值[88]。

除了弱单调性,Casajus 和 Huettner[51] 还利用强差分单调性来刻画均分 Shapley 值。

定理 3.24 当 $n \neq 2$ 时，$\mathcal{G}^N$ 上的值 φ 同时满足有效性、强差分单调性及生产环境下的无效性当且仅当存在 $\alpha \in [0,1]$，使得 $\varphi = \mathrm{ESh}^{\alpha}$[51]。

3. 一致性

尽管 Shapley 值和均分值站在分配伦理的两端，但它们都满足 S-缩减合作博弈一致性。不仅如此，对任意的 $\alpha \in [0,1]$，α-均分 Shapley 值都满足 S-缩减合作博弈一致性[86]。于是，定理 2.27 中关于 Shapley 值的公理化刻画可扩展到 α-均分 Shapley 值①。

公理 3.26 二人 α-均分剩余性：对任意的二人合作博弈 $(N,v) \in \mathcal{G}^N$，$\alpha \in [0,1]$ 及 $i \in N$，有

① 均分值不满足 HM-缩减合作博弈一致性，因而定理 2.22 关于 Shapley 值的公理化刻画无法扩展到 α-均分 Shapley 值。尽管如此，Joosten[85] 给出了 HM-缩减合作博弈一致性的一个变体，并由此刻画了 α-均分 Shapley 值。

$$\varphi_i(N,v)=\alpha v(i)+\frac{v(N)-\alpha\sum_{j\in N}v(j)}{n}$$

二人 α-均分剩余性要求在二人合作博弈中，各局中人先收获自身价值的 α 份额，再收获全局联盟价值剩余部分的一半。显然，当 $\alpha=0$ 时，二人 α-均分剩余性退化为二人均值性。当 $\alpha=1$ 时，二人 α-均分剩余性退化为二人均分剩余性。

定理 3.25 $\mathcal{G}$ 上的值 φ 同时满足二人 α-均分剩余性及 S-缩减合作博弈一致性①当且仅当存在 $\alpha\in[0,1]$，使得 $\varphi=\mathrm{ESh}^{\alpha}$[86]。

定理 3.25 的一个自然推论是均分值和均分剩余值的公理化刻画。

推论 3.2 均分 (剩余) 值是 $\mathcal{G}$ 上唯一同时满足二人均值性 (二人均分剩余性) 及 S-缩减合作博弈一致性的值。

值得注意的是，Joosten[85] 利用 α-均分剩余性及 HM-缩减合作博弈一致性刻画了贴现 Shapley 值 (discounted Shapley value)。Calvo 和 Gutiérrez-López[89] 则对均分 Shapley 值和贴现 Shapley 值的公理化刻画进行了综述。

3.3 合作博弈的一致值

3.3.1 一致值的定义

二人均分剩余性在局中人间均分全局联盟价值的剩余。利用二人均分剩余思想，Ju 等[90] 提出了一致值 (consensus value)。考虑局中人集 N 上的置换 $\pi\in\Omega(N)$。假设各局中人依 π 的逆序相继离开全局联盟，并利用二人均分剩余值在局中人 i 及其前驱集 P_i^π 间分配大联盟的收益，即若 $P_i^\pi\cup i$ 的收益为 $r(P_i^\pi\cup i)$，则局中人 i 在置换 π 中的收益为

$$v(i)+\frac{r(P_i^\pi\cup i)-v(P_i^\pi)-v(i)}{2}$$

最终，各局中人的收益则为其在各个置换中收益的平均值。

定义 3.8 对任意的 $(N,v)\in\mathcal{G}^N$，$\pi\in\Omega(N)$ 及 $i\in N$，i 在 π 中的前驱集 P_i^π 的标准剩余 (standardized remainder)[90]

$$r(P_i^\pi)=\begin{cases}v(N) & ,\quad P_i^\pi=N\setminus i\\ v(P_i^\pi)+\dfrac{r(P_i^\pi\cup i)-v(P_i^\pi)-v(i)}{2} & ,\quad P_i^\pi\subsetneq N\setminus i\end{cases}$$

i 在置换 π 中的个体标准剩余 (individual standardized remainder)

① 此定理成立的前提是在仅含一个局中人的合作博弈中，局中人的收益等于自身价值。

$$s_i^\pi = \begin{cases} v(i) + \dfrac{r(P_i^\pi \cup i) - v(P_i^\pi) - v(i)}{2} &, \quad P_i^\pi \neq \varnothing \\ r(i) &, \quad P_i^\pi = \varnothing \end{cases}$$

标准剩余代表 $N \setminus (P_i^\pi \cup i)$ 中的局中人相继离开全局联盟的情况下，局中人 i 继续离开全局联盟后 P_i^π 所得到的收益。对应地，个体标准剩余则代表此时局中人 i 的收益。

一致值赋予局中人在各置换中个体标准剩余的平均值。

定义 3.9 对任意的 $(N,v) \in \mathcal{G}$ 及 $i \in N$，i 在 (N,v) 中的一致值[90]

$$\mathrm{Co}_i(N,v) = \frac{1}{|\varOmega(N)|} \sum_{\pi \in \varOmega(N)} s_i^\pi$$

一致值刚好是 Shapley 值和均分剩余值的平均值。

定理 3.26 对任意的 $(N,v) \in \mathcal{G}$，都有[90]

$$\mathrm{Co}(N,v) = \frac{1}{2}\mathrm{Sh}(N,v) + \frac{1}{2}\mathrm{ESD}(N,v)$$

类似于均分 Shapley 值，Ju 等[90] 也研究了 Shapley 值与均分剩余值的凸组合。但由于这类值的分配思想及公理化刻画已体现在一致值中，此处不再赘述。

类似于定理 2.6，一致值也有迭代式描述。

定理 3.27 对任意的 $(N,v) \in \mathcal{G}$ 及 $i \in N$，都有[90]

$$\mathrm{Co}_i(N,v) = \frac{1}{n} \sum_{j \in N \setminus i} \left(\mathrm{Co}_i(N \setminus j, v) + \frac{v(N) - v(N \setminus j) - v(j)}{2(n-1)} \right) + \frac{1}{n} \left(v(i) + \frac{v(N) - v(N \setminus i) - v(i)}{2} \right)$$

3.3.2 一致值的公理化刻画

1. 哑局中人

由定理 3.26，一致值满足中性哑元性 (neutral dummy property)[90] 这一哑元性的变体。它要求哑局中人收获自身价值与其均分剩余值的平均值。

公理 3.27 中性哑元性：对任意的 $(N,v) \in \mathcal{G}^N$，若 $i \in N$ 是其哑局中人，则

$$\varphi_i(N,v) = \frac{1}{2}v(i) + \frac{1}{2}\left(v(i) + \frac{v(N) - \sum_{j \in N} v(j)}{n} \right)$$

定理 3.28 一致值是 $\mathcal{G}^N$ 上唯一同时满足有效性、可加性/转移性、对称性及中性哑元性的值[90]。

2. 均衡贡献性

在一致值的分配过程中，局中人退出全局联盟涉及“剩余价值”的分配。相应地，一致值满足均衡福利损失性 (equal welfare loss property)[90] 这一均衡贡献性的变体。

公理 3.28 均衡福利损失性：对任意的 $(N,v)\in\mathcal{G}$ 及 $\{i,j\}\subseteq N$，有

$$\varphi_i(N,v)-\varphi_i(N\setminus j,v)-\frac{v(N)-v(N\setminus j)-v(j)}{2(n-1)}$$
$$=\varphi_j(N,v)-\varphi_j(N\setminus i,v)-\frac{v(N)-v(N\setminus i)-v(i)}{2(n-1)}$$

当局中人 j 退出全局联盟 N 时，局中人 i 除了收获它在子合作博弈 $(N\setminus j,v)$ 中的收益，还应收获全局联盟价值剩余的一部分，即

$$\frac{v(N)-v(N\setminus j)-v(j)}{2(n-1)}$$

均衡福利损失性要求两个局中人中的一方退出全局联盟对另一方收益的影响相同。

定理 3.29 一致值是 $\mathcal{G}$ 上唯一同时满足有效性和均衡福利损失性的值[90]。

3.4 合作博弈的团结值

3.4.1 团结值的定义

由 Shapley 对式 (2.1) 的解释可知，局中人在任意置换中都收获其对前驱集的边际贡献。由此，Shapley 值满足无效性，即对任意联盟边际贡献都为 0 的局中人收益也为 0。然而，现实中，出于伦理方面的需求，有时需要对丧失贡献能力的局中人 (如残疾人) 一些扶持。为此，有必要提出一些不满足无效性的值。由 Nowak 和 Radzik[91] 提出的团结值 (solidarity value) 是这一类值的典型代表。

定义 3.10 对任意的 $(N,v)\in\mathcal{G}$ 及 $i\in N$，i 在 (N,v) 中的团结值[91]

$$\mathrm{So}_i(N,v)=\sum_{S\subseteq N:i\in S}\frac{(s-1)!(n-s)!}{n!}\sum_{j\in S}\frac{v(S)-v(S\setminus j)}{s}\tag{3.1}$$

对比式 (2.1) 与式 (3.1) 可知，团结值用平均边际贡献代替了 Shapley 值的边际贡献。因而，边际贡献大于平均边际贡献的局中人需要支援边际贡献小于平均边际贡献的局中人，此即名称“团结”的由来。

Radzik 和 Driessen[79] 将式 (3.1) 改写成了如下形式：

$$\mathrm{So}_i(N,v)=\frac{v(N)}{n+1}+\sum_{S\subsetneqq N\setminus i}\frac{s!(n-s-1)!}{n!}\left(\frac{v(S\cup i)}{s+2}-\frac{v(S)}{s+1}\right)$$

作为一种特殊的程序值 (procedural value)[92]，团结值还可写成如下形式。

定理 3.30 对任意的 $(N,v)\in\mathcal{G}$ 及 $i\in N$，有[92,93]

$$\mathrm{So}_i(N,v)=\sum_{\pi\in\Omega(N)}\frac{1}{|\Omega(N)|}\sum_{j\in N\setminus P_i^\pi}\frac{v(P_j^\pi\cup j)-v(P_j^\pi)}{|P_j^\pi|+1} \tag{3.2}$$

对任意的置换 $\pi\in\Omega(N)$，式 (3.2) 要求任意局中人将其对前驱集的边际贡献在其自身及前驱间均分。由此，各局中人将收获其所有后继局中人边际贡献的一部分。最终，局中人的收益为它在各置换中收益的平均值。

类似于定理 2.6，团结值也有如下的迭代式描述。

定理 3.31 对任意的 $(N,v)\in\mathcal{G}$ 及 $i\in N$，都有[93,94]

$$\mathrm{So}_i(N,v)=\frac{1}{n}\left(\sum_{j\in N\setminus i}\mathrm{So}_i(N\setminus j,v)+v(N)-\frac{1}{n}\sum_{j\in N}v(N\setminus j)\right) \tag{3.3}$$

3.4.2 团结值的公理化刻画

1. 无效局中人

Shapley 值基于边际贡献，因而赋予无效局中人零收益。团结值基于平均边际贡献，因而不再赋予无效局中人零收益，而赋予 A-无效局中人 (A-null player)[91] 这一修正的无效局中人零收益。

定义 3.11 对任意 $(N,v)\in\mathcal{G}$ 及 $i\in N$，若任取包含 i 的联盟 $S\subseteq N$，都有[91]

$$\sum_{j\in S}\big(v(S)-v(S\setminus j)\big)=0$$

则称 i 为 (N,v) 的 A-无效局中人。

A-无效局中人所在的任意联盟平均边际贡献都为 0，故而任意局中人都无法支援 A-无效局中人。于是，团结值赋予 A-无效局中人零收益，即满足 A-无效性 (A-null player property)[91]。

公理 3.29 A-无效性：对任意的 $(N,v)\in\mathcal{G}^N$，若 $i\in N$ 是其 A-无效局中人，则

$$\varphi_i(N,v)=0$$

定理 3.32 团结值是 $\mathcal{G}^N$ 上唯一同时满足有效性、可加性、对称性及 A-无效性的值[91]。

类似于定理 2.10 和定理 2.12，定理 3.32 的可加性和对称性也能替换成公平性或差分边际贡献性[46]。

Radzik 和 Driessen[79] 提出了一种与 A-无效局中人等价的无效局中人，即几乎人均无效局中人 (almost per-capita null player)。

定义 3.12 对任意的 $(N,v)\in\mathcal{G}$ 及 $i\in N$，若任取 $S\subseteq N\setminus i$，都有[79]

$$\frac{v(S\cup i)}{s+2}=\frac{v(S)}{s+1}$$

则称 i 为 (N,v) 的几乎人均无效局中人。

类似于比例局中人，几乎人均无效局中人加入任意联盟不改变该联盟的几乎人均价值。相应地，几乎人均无效性 (almost per-capita null player property)[79] 赋予几乎人均无效局中人全局联盟价值的“几乎”平均值。

公理 3.30 几乎人均无效性：对任意的合作博弈 $(N,v)\in\mathcal{G}^N$，若 $i\in N$ 是其几乎人均无效局中人，则

$$\varphi_i(N,v)=\frac{v(N)}{n+1}$$

定理 3.33 团结值是 $\mathcal{G}^N$ 上唯一同时满足有效性、可加性、对称性及几乎人均无效性的值[79]。

类似于定理 3.3，Kamijo 和 Kongo[61] 将几乎无效局中人称为拟比例局中人 (quasi-proportional player)，并利用拟比例局中人零贡献性 (quasi-proportional player out) 来刻画团结值。

公理 3.31 拟比例局中人零贡献性：对任意的 $(N,v)\in\mathcal{G}$，若 $i\in N$ 是其拟比例局中人，则任取 $j\in N\setminus i$，都有

$$\varphi_j(N,v)=\varphi_j(N\setminus i,v)$$

类似于无效局中人零贡献性及比例局中人零贡献性，拟比例局中人零贡献性要求拟比例局中人退出全局联盟不影响其他局中人的收益。

定理 3.34 团结值是 $\mathcal{G}$ 上唯一同时满足有效性、拟比例局中人零贡献性及如下两组性质之一的值[61]：

(1) 周期均衡贡献性；

(2) 可加性和对称性。

对比定理 2.20、定理 3.3 及定理 3.34 可知，Shapley 值、均分值及团结值的区别在于哪类局中人退出全局联盟不影响其他局中人的收益。

2. 均衡贡献性

Shapley 值基于边际贡献，满足均衡贡献性，即任意一对局中人彼此对对方收益的贡献都相同。对应地，团结值基于平均边际贡献，因而满足平均均衡获得性 (balanced average gains)[95]。它要求所有局中人对其他局中人收益贡献的平均值都相同。

公理 3.32 平均均衡获得性：对任意的 $(N,v)\in\mathcal{G}$ 及 $\{i,j\}\subseteq N$，都有①

$$\frac{1}{n}\sum_{k\in N}\big(\varphi_i(N,v)-\varphi_i(N\setminus k,v)\big)=\frac{1}{n}\sum_{k\in N}\big(\varphi_j(N,v)-\varphi_j(N\setminus k,v)\big)$$

定理 3.35 团结值是 $\mathcal{G}$ 上唯一同时满足有效性和平均均衡获得性的值[95]。

对比式 (2.4) 与式 (3.3)，并结合 Shapley 值的均衡贡献性即得团结值满足拟均衡贡献性 (quasi-balanced contributions)[94]。

公理 3.33 拟均衡贡献性：对任意的 $(N,v)\in\mathcal{G}$ 及 $\{i,j\}\subseteq N$，都有

$$\begin{aligned}&\left(\varphi_i(N,v)-\frac{v(N\setminus i)}{n}\right)-\left(\varphi_i(N\setminus j,v)-\frac{v(N\setminus\{i,j\})}{n-1}\right)\\=&\left(\varphi_j(N,v)-\frac{v(N\setminus j)}{n}\right)-\left(\varphi_j(N\setminus i,v)-\frac{v(N\setminus\{i,j\})}{n-1}\right)\end{aligned}\tag{3.4}$$

显然，式 (3.4) 可化简为如下形式：

$$\begin{aligned}&\varphi_i(N,v)-\varphi_i(N\setminus j,v)-\frac{v(N\setminus i)}{n}\\=&\varphi_j(N,v)-\varphi_j(N\setminus i,v)-\frac{v(N\setminus j)}{n}\end{aligned}$$

在团结值的公理化刻画中，拟均衡贡献性的作用类似于均衡贡献性在 Shapley 值公理化刻画中的作用。

定理 3.36 团结值是 $\mathcal{G}$ 上唯一同时满足有效性和拟均衡贡献性的值[94]。

3. 势函数

在 Hart 和 Mas-Colell[65] 关于势函数的理论中，任意局中人的 Shapley 值刚好等于他关于势函数的边际贡献，且所有局中人关于势函数的边际贡献之和等于全局联盟价值。与基于边际贡献的 Shapley 值不同，团结值基于平均边际贡献，故由式 (3.3) 可知，团结值对应如下的 A-势函数 (A-potential)[94]。

定义 3.13 任取合作博弈空间 $\mathcal{G}$ 上的实值函数 P，如果[94]：

① 假设 $\varphi_i(N\setminus i,v)=0$。

(1) $P(\varnothing, v) = 0$;

(2) 对任意的 $(N, v) \in \mathcal{G}$，都有

$$\sum_{i \in N} \big(P(N, v) - P(N \setminus i, v)\big) = v(N) - \frac{1}{n} \sum_{i \in N} v(N \setminus i)$$

则称 P 为 $\mathcal{G}$ 上的 A-势函数。

定理 3.37 $\mathcal{G}$ 上的 A-势函数是唯一的，且各局中人在 A-势函数中关于全局联盟的 A-边际贡献即为其团结值，即对任意的 $(N, v) \in \mathcal{G}$ 及 $i \in N$，有[94]

$$\mathrm{Sh}_i(N, v) = P(N, v) - P(N \setminus i, v) + \frac{v(N \setminus i)}{n}$$

3.5 合作博弈的 Banzhaf 值

3.5.1 Banzhaf 值的定义

将 Shapley 值应用到现实生活中的投票表决情境，可得 Shapley-Shubik 权力指数[96]。Shapley-Shubik 权力指数的表述与式 (2.1) 相同，但此时 $v(S)$ 将不再表示联盟 S 的价值，而表示联盟 S 是否可以取胜。作为 Shapley-Shubik 权力指数的一个替代，Banzhaf 在 1965 年引入了 Banzhaf 权力指数[20]，该指数在 1975 年被 Owen 扩展到了合作博弈[97]。

定义 3.14 对任意的 $(N, v) \in \mathcal{G}$ 及 $i \in N$，i 在 (N, v) 中的 Banzhaf 值[97]

$$\mathrm{Ba}_i(N, v) = \frac{1}{2^{n-1}} \sum_{S \subseteq N \setminus i} \big(v(S \cup i) - v(S)\big) \tag{3.5}$$

对比式 (2.1) 与式 (3.5) 可以发现，尽管 Shapley 值和 Banzhaf 值都是局中人边际贡献的平均值，但两者的平均方式不同：Shapley 值对所有局中人排列求平均，Banzhaf 值则对局中人可能属于的所有联盟求平均。

3.5.2 Banzhaf 值的公理化刻画

1. 单调性

对比式 (2.1) 和式 (3.5) 可知，Banzhaf 值也满足可加性、对称性及无效性。于是，由定理 2.1 可知，Banzhaf 值不满足有效性。然而，它满足 2-有效性 (2-efficiency)[98] 这一有效性变种。为此，下面先介绍 2-单调性 (2-monotonicity)。

对任意的 $(N, v) \in \mathcal{G}$ 及 $\{i, j\} \subseteq N$，记在 (N, v) 中将 i 和 j 合并成一个局中人 p(设想 j 将全部资源赋予 i 并离开全局联盟) 而形成的合作博弈为 $((N \setminus$

$\{i,j\}) \cup p, v_p)$，即对任意的 $S \subseteq (N \setminus \{i,j\}) \cup p$，有

$$v_p(S) = \begin{cases} v(S) & , \quad p \notin S \\ v(S \cup \{i,j\}) & , \quad p \in S \end{cases} \tag{3.6}$$

2-单调性要求 i 和 j 合并后的收益不小于合并前的收益。

公理 3.34 2-单调性：对任意的 $(N,v) \in \mathcal{G}$ 及 $\{i,j\} \subseteq N$，记 $p = \{i,j\}$，则

$$\varphi_i(N,v) + \varphi_j(N,v) \leqslant \varphi_p\big((N \setminus \{i,j\}) \cup p, v_p\big)$$

在 Banzhaf 值的公理化刻画中，2-单调性的作用与有效性在 Shapley 值公理化刻画中的作用类似。

定理 3.38 Banzhaf 值是 $\mathcal{G}$ 上唯一同时满足 2-单调性、可加性、对称性及哑元性的值[99]①。

式 (3.6) 要求 i 和 j 合并后必须作为一个整体来行动，它也可换成

$$v_p(S) = \begin{cases} v(S) & ,p \notin S \\ \max_{T \subseteq \{i,j\}} v(S \cup T) & ,p \in S \end{cases}$$

即允许 i 和 j 合并成 p 后自由选择是否与 $N \setminus \{i,j\}$ 中的局中人合作。但无论如何，2-单调性要求他们合并后的收益不小于合并前的收益和。另外，Lehrer[99] 指出，2-单调性不能增强为对任意的 $T \subseteq N$(即一次合并多个局中人) 都成立。

2. 有效性

由 2-单调性，局中人有可能通过结成“小联盟”来增强自身的收益和，由此破坏分配方案的稳定性。为此，Nowak[98] 将 2-单调性增强成了 2-有效性。

公理 3.35 2-有效性：对任意的 $(N,v) \in \mathcal{G}$ 及 $\{i,j\} \subseteq N$，记 $p = \{i,j\}$，则

$$\varphi_p\big((N \setminus \{i,j\}) \cup p, v_p\big) = \varphi_i(N,v) + \varphi_j(N,v)$$

2-有效性要求合并两个局中人不改变他们的收益和。考虑到 Banzhaf 值多应用于投票表决情境，这一要求是必需的。在 Banzhaf 值的公理化刻画中，2-有效性的地位类似于有效性在 Shapley 值公理化刻画中的地位。

定理 3.39 Banzhaf 值是 $\mathcal{G}$ 上唯一同时满足 2-有效性、可加性、对称性及哑元性的值[100]。

---

① Casajus[102] 指出定理 3.38 的对称性是多余的。

然而，有些场合，2-有效性不能完全代替有效性。下面的 Banzhaf 值的公理化刻画反映了这一点。

定理 3.40 Banzhaf 值是 $\mathcal{G}$ 上唯一同时满足 2-有效性、对称性、哑元性及边际贡献性的值[98, 101]①。

对比定理 2.11 与定理 3.40 可以发现，为了利用边际贡献性来刻画 Banzhaf 值，使用 2-有效性的同时还必须加上哑元性，这一点在使用有效性时不需要。

Casajus[103] 指出，定理 3.40 的对称性及边际贡献性可替换成差分边际贡献性或公平性。Casajus[102] 进一步指出，定理 3.40 的对称性和边际贡献性是多余的。另外，Lehrer[99] 仅使用 2-有效性及二人均分剩余性刻画了 Banzhaf 值。

3. 代理合作博弈

2-有效性要求合并两个局中人不影响他们的收益和，但这一合并动作改变了局中人集。Haller[104] 提出了代理合作博弈 (proxy game) 的概念。它假设一对局中人中的一个拥有二人的全部“资源”，即充当两个局中人的代理人。对应地，另一个局中人则成为无效局中人 (设想 j 负伤站在 i 的肩膀上)。

定义 3.15 对任意的 $(N, v) \in \mathcal{G}^N$ 及 $\{i, j\} \subseteq N$，(N, v) 上的 ij-代理合作博弈是一合作博弈 (N, v_{ij})，其中对任意的 $S \subseteq N$，有[104]

$$v_{ij}(S) = \begin{cases} v(S \cup j) & , \quad i \in S \\ v(S \setminus j) & , \quad i \notin S \end{cases}$$

由于代理前后两个局中人的对外表现不变，因此他们的收益和也不应改变。此即同意代理性 (proxy agreement property)[104] 的要求。

公理 3.36 同意代理性：对任意的 $(N, v) \in \mathcal{G}^N$ 及 $\{i, j\} \subseteq N$，都有

$$\varphi_i(N, v_{ij}) + \varphi_j(N, v_{ij}) = \varphi_i(N, v) + \varphi_j(N, v) \tag{3.7}$$

另外，由于被代理的局中人在代理合作博弈中是无效局中人，因此当所考虑的值满足无效性时，式 (3.7) 左端第二项可以去掉。

定理 3.41 Banzhaf 值是 $\mathcal{G}^N$ 上唯一同时满足同意代理性、可加性、匿名性及哑元性的值[104]。

① Owen[11] 将这一定理的 2-有效性换成了总指数性：对任意的 $(N, v) \in \mathcal{G}^N$，有

$$\sum_{i \in N} \varphi_i(N, v) = \frac{1}{2^{n-1}} \sum_{S \subseteq N} \sum_{i \notin S} \left(v(S \cup i) - v(S) \right)$$

3.6 合作博弈的最小二乘预核仁

3.6.1 最小二乘预核仁的定义

合作博弈的预核仁 (prenucleolus)[105] 和核仁 (nucleolus)[106] 都致力于最小化局中人对当前分配方案的不满意度。它们将联盟价值与联盟收益和的差作为联盟对当前分配方案的不满意度。通过将各联盟的不满意度做降序排列，核仁和预核仁以字典序最小化该降序排列后的不满意度向量为目标，分别选择满足有效性的分配方案及同时满足有效性和个体理性的分配方案。由于预核仁非单值解，核仁则不能定义在所有的合作博弈上，故而使用起来有诸多不便。另外，尽管以字典序最小化不满意度向量的做法降低了联盟的最大不满意度，却不可避免地增加部分其他联盟的不满意度。由 Ruiz 等[107] 提出的最小二乘预核仁 (least square prenucleolus) 这一预核仁的变种，避免了这一问题①。

对任意的合作博弈 $(N, v) \in \mathcal{G}$，联盟 $S \subseteq N$ 及分配方案 $x \in \mathbb{R}^N$，记联盟 S 对分配方案 x 的不满意度 (excess) 为

$$e_S(N, v, x) = v(S) - \sum_{i \in S} x_i$$

记各联盟对分配方案 x 的平均不满意度 (average excess) 为

$$\bar{e}(N, v, x) = \frac{1}{2^n - 1} \sum_{S \in 2^N \setminus \varnothing} e_S(N, v, x)$$

显然，若 $e_S(N, v, x)$ 过大，则 S 中的局中人会脱离全局联盟 N 而选择单干。

最小二乘预核仁致力于以最小二乘序 (least square order) 最小化联盟不满意度，即合作博弈 $(N, v) \in \mathcal{G}$ 的最小二乘预核仁是如下优化问题的解：

$$\begin{aligned} \min \ & \sum_{S \in 2^N \setminus \varnothing} \left(e_S(N, v, x) - \bar{e}(N, v, x) \right)^2 \\ \text{s.t.} \ & \sum_{i \in N} x_i = v(N) \end{aligned} \tag{3.8}$$

定理 3.42 对任意的 $(N, v) \in \mathcal{G}$，优化问题 (3.8) 的最优解是唯一的，且最优解对应于 $i \in N$ 的分量[107]

$$x_i^\star = \frac{v(N)}{n} + \frac{1}{n 2^{n-2}} \left(n \sum_{S \subseteq N : i \in S} v(S) - \sum_{j \in N} \sum_{S \subseteq N : j \in S} v(S) \right) \tag{3.9}$$

① Arin[108] 对洛伦兹序、字典序 (lexicographical order) 及最小二乘序三种序关系进行了比较系统的介绍。

注 3.1　式 (3.9) 也可以改写成如下形式：

$$x_i^\star = \frac{v(N)}{n} + \frac{1}{n2^{n-1}}\left(\sum_{S\subseteq N:i\in S} nv(S) - \sum_{S\subseteq N} sv(S)\right) \tag{3.10}$$

或

$$x_i^\star = \frac{v(N)}{n} + \frac{1}{n2^{n-2}}\left(\sum_{S\subseteq N:i\in S} (n-s)v(S) - \sum_{S\subseteq N:i\notin S} sv(S)\right) \tag{3.11}$$

定义 3.16　对任意的 $(N,v)\in\mathcal{G}$ 及 $i\in N$，i 在 (N,v) 中的最小二乘预核仁如式 (3.9)、式 (3.10) 或式 (3.11) 所示。

最小二乘预核仁也可用一种类似于预核子 (prekernel)[109] 的方式定义。

对任意的 $(N,v)\in\mathcal{G}$，$\{i,j\}\subseteq N$ 及 $x\in\mathbb{R}^N$，记 i 相对 j 对分配方案 x 的平均不满意度为 $\delta_{ij}(N,v,x)$，即

$$\delta_{ij}(N,v,x) = \frac{1}{2^{n-2}}\sum_{S\subseteq N:i\in S,j\notin S}\left(v(S) - \sum_{i\in S} x_i\right)$$

定义 3.17　合作博弈 $(N,v)\in\mathcal{G}$ 的平均预核子 (average prekernel，AP)[107]

$$\begin{aligned}&\mathrm{AP}(N,v)\\ =&\left\{x\in\mathbb{R}^N \mid \sum_{i\in N} x_i = v(N)\text{且对任意的}\{i,j\}\subseteq N, \delta_{ij}(N,v,x) = \delta_{ji}(N,v,x)\right\}\end{aligned}$$

平均预核子中的分配方案不仅满足有效性，而且其中任意两个局中人对对方的相对不满意度都相等。另外，平均预核子还是单元素集，且与最小二乘预核仁等价。

定理 3.43　任意合作博弈 $(N,v)\in\mathcal{G}$ 的最小二乘预核仁与平均预核子等价[107]。

最小二乘预核仁还与 Banzhaf 值的加法有效规范化 (additive efficient normalization)[110] 等价①。

定理 3.44　对任意的 $(N,v)\in\mathcal{G}$ 及 $i\in N$，都有[107]

$$x_i^\star = \mathrm{Ba}_i(N,v) + \frac{v(N) - \sum_{j\in N}\mathrm{Ba}_j(N,v)}{n}$$

① 除了加法有效规范化，Hammer 和 Holzman[110] 还给出了 Banzhaf 值的数乘有效规范化 (multiplicative efficient normalization)。Alonso-Meijide 等[111] 给出了 Banzhaf 值的截断加法有效规范化 (truncated additive efficient normalization)，并证明在分配集 (imputation set) 非空的合作博弈中，Banzhaf 值的截断加法有效规范化等价于最小二乘核仁。

3.6.2 最小二乘预核仁的公理化刻画

1. 集结不满意性

集结不满意性要求所有局中人的集结不满意度 (即不满意度之和) 都相等。它与有效性一起刻画了最小二乘预核仁。

公理 3.37 集结不满意性：对任意的 $(N,v)\in\mathcal{G}^N$ 及 $\{i,j\}\subseteq N$，有

$$\sum_{S\subseteq N:i\in S} e_S\big(N,v,\varphi(N,v)\big)=\sum_{S\subseteq N:j\in S} e_S\big(N,v,\varphi(N,v)\big)$$

定理 3.45 最小二乘预核仁是 $\mathcal{G}^N$ 上唯一同时满足有效性和集结不满意性的值[107]。

特殊地，将集结不满意性中关于联盟的条件弱化为单元素集，即得到如下的单元素不满意性。

公理 3.38 单元素不满意性：对任意的 $(N,v)\in\mathcal{G}^N$ 及 $\{i,j\}\subseteq N$，都有

$$e_i\big(N,v,\varphi(N,v)\big)=e_j\big(N,v,\varphi(N,v)\big)$$

作为定理 3.45 的一个推论，得到均分剩余值的如下公理化刻画。

定理 3.46 均分剩余值是 $\mathcal{G}^N$ 上唯一同时满足有效性和单元素不满意性的值。

2. 集结需求性

最小二乘预核仁满足集结需求性这一需求性[87] 的变种①。

公理 3.39 集结需求性：对任意的 $(N,v)\in\mathcal{G}^N$ 及 $\{i,j\}\subseteq N$，若[107]

$$\sum_{S\subseteq N\setminus\{i,j\}}\big(v(S\cup i)-v(S)\big)\geqslant\sum_{S\subseteq N\setminus\{i,j\}}\big(v(S\cup j)-v(S)\big)$$

则

$$\varphi_i(N,v)\geqslant\varphi_j(N,v)$$

集结需求性要求局中人的收益随着它的集结边际贡献增加而增加。

定理 3.47 最小二乘预核仁是 $\mathcal{G}^N$ 上唯一同时满足有效性、可加性、非本质合作博弈性和集结需求性的值[107]。

3. 缩减合作博弈一致性

最小二乘预核仁满足如下的 R-缩减合作博弈一致性。

① Ruiz 等[107] 将其称作平均边际贡献单调性 (average marginal contribution monotonicity)。

定义 3.18　任取 $\mathcal{G}$ 上一单值解 φ，$(N,v)\in\mathcal{G}$ 及 $T\in 2^N\setminus\varnothing$。$T$ 上关于 φ 的 R-缩减合作博弈 (T,v_T^{φ}) 是一合作博弈，其中对任意的 $S\subseteq T$[107]，有

$$v_T^{\varphi}(S)=\begin{cases}0 & ,\ S=\varnothing\\ v(N)-\sum_{i\in N\setminus T}\varphi_i(N,v) & ,\ S=T\\ \dfrac{1}{2^{n-t}}\sum_{Q\subseteq N\setminus T}\left(v(S\cup Q)-\sum_{i\in Q}\varphi_i(N,v)\right) & ,\ S\in 2^T\setminus\{T,\varnothing\}\end{cases}$$

定义 3.18 与定义 2.6 的区别在于 T 的非空真子集的价值。定义 3.18 假设这种联盟可与包含于 $N\setminus T$ 的联盟随意合作。由于 $N\setminus T$ 中的局中人加入这种联盟前后收益相等，故而他们将以概率 1/2 来选择是否加入。于是，定义 3.18 联盟的价值可解释为它与包含于 $N\setminus T$ 的联盟随机合作后的期望收益。

定理 3.48　最小二乘预核仁是 $\mathcal{G}$ 上唯一同时满足二人均分剩余性和 R-缩减合作博弈一致性的值[107]。

对比定理 2.26、定理 2.27、定理 3.12 及定理 3.48 可知，Shapley 值、均分值、均分剩余值及最小二乘预核仁的区别仅在于所满足的缩减合作博弈一致性不同。

最小二乘预核仁还满足反缩减合作博弈一致性 (converse reduced game property)[107]。

公理 3.40　反缩减合作博弈一致性：对任意的 $(N,v)\in\mathcal{G}$ 及 $x\in\mathbb{R}^N$，如果：

(1) 任取 $T\subseteq N$，在 $t=2$ 时，都有 $x_{|T}=\varphi(T,v_T^x)$；

(2) $\sum_{i\in N}x_i=v(N)$；

则 $x=\varphi(N,v)$。

反缩减合作博弈一致性给出了判定给定的有效分配方案是否等于待求解的方法：考虑任意二人联盟 T，如果给定分配方案在 T 上的限制都等于它在对应缩减合作博弈中的待求解，那么在原合作博弈中分配方案也等于待求解。

定理 3.49　最小二乘预核仁是 $\mathcal{G}$ 上唯一同时满足二人均分剩余性和反 R-缩减合作博弈一致性的值[107]。

3.7　合作博弈的 τ 值

Shapley 值、均分 Shapley 值、Banzhaf 值、团结值等都基于或部分基于边际贡献，最小二乘预核仁基于不满意度。与这些值不同，本节将介绍一种基于最大及最小潜在收益的折中值。

3.7.1　τ 值的定义

τ 值[112] 是合作博弈的一种常见单值解。它赋予局中人在最大潜在收益和最小潜在收益之间满足有效性的折中。

定义 3.19 对任意的 $(N, v) \in \mathcal{G}$ 及 $i \in N$，i 在 (N, v) 中的最大潜在收益[112]

$$M_i(N, v) = v(N) - v(N \setminus i) \tag{3.12}$$

最大潜在收益代表局中人对全局联盟的边际贡献。显然，如果局中人要求更多，则其他局中人宁愿将其踢出全局联盟也不愿与其合作。

定义 3.20 对任意的 $(N, v) \in \mathcal{G}$ 及 $i \in N$，i 在 (N, v) 中的最小潜在收益[112]

$$m_i(N, v) = \max_{S \subseteq N: i \in S} \left\{ v(S) - \sum_{j \in S \setminus i} M_j(N, v) \right\} \tag{3.13}$$

假设局中人 i 以支付给联盟 S 中各局中人最大潜在收益为条件，选择与联盟 S 合作进而收获大联盟价值，则大联盟价值减去 S 中局中人的最大潜在收益之和即为 i 的收益。进一步，假设 i 可自由选择合作伙伴。于是，由利益最大化原则，他会选择使其自身收益最大的联盟进行合作。此时，他的收益即为其最小潜在收益。显然，最小潜在收益代表了局中人可以自由结盟时所能得到的最好收益 (max min 收益)，这也是局中人的最保守收益。

定义 3.21 对任意的 $(N, v) \in \mathcal{G}$ 及 $i \in N$，i 在 (N, v) 中的 τ 值[112]

$$\tau_i(N, v) = m_i(N, v) + \alpha\big(M_i(N, v) - m_i(N, v)\big)$$

其中 $\alpha \in [0, 1]$，满足

$$\sum_{j \in N} \tau_j(N, v) = v(N)$$

τ 值是局中人最大及最小潜在收益之间的折中。显然，最大及最小潜在收益之间潜在的折中点很多，τ 值选择了满足有效性的折中点。进一步，为了满足 $\alpha \in [0, 1]$ 条件及有效性，τ 值需定义在满足如下两个条件的合作博弈上：

$$m(N, v) \leqslant M(N, v) \tag{3.14}$$

$$\sum_{i \in N} m_i(N, v) \leqslant v(N) \leqslant \sum_{i \in N} M_i(N, v) \tag{3.15}$$

式 (3.14) 要求任意局中人的最小潜在收益不大于其最大潜在收益。从个体的角度来讲，这是折中的前提。进一步，式 (3.15) 要求全局联盟价值位于所有局中人的最大潜在收益之和及最小潜在收益之和之间。从群体的角度讲，这是满足有效性的必然要求。

定义 3.22 对任意的 $(N, v) \in \mathcal{G}$，若它同时满足式 (3.14) 及式 (3.15)，则称为拟均衡合作博弈 (quasi-balanced game)[112]。

如果将式 (3.13) 换成

$$m_i(N,v)=v(i)$$

则定义 3.21 变形为 σ 值[112]。如果将式 (3.12) 换成

$$M_i(N,v)=\sum_{S\subseteq N\setminus i}\big(v(S\cup i)-v(S)\big)$$

则定义 3.21 变形为 χ 值[113]。另外，这种情况下任何局中人的最小潜在收益都等于局中人的价值，且对应的拟均衡合作博弈等价于弱本质合作博弈 (weakly essential game)①[113]。τ 值和 χ 值都是协变折中值 (covariant compromise values)[114] 的特殊情况。

Driessen 和 Tijs[115] 给出了 τ 值的一种简化计算方法。它避免了计算最小潜在收益向量。

定义 3.23 对任意的 $(N,v)\in\mathcal{G}$ 及 $S\in 2^N\setminus\varnothing$，称[115]

$$g(S)=\sum_{i\in S}M_i(N,v)-v(S)$$

为 S 的差异值 (gap)。

如果任何局中人都向联盟 S 索要其最大潜在收益，则 S 的差异值刚好代表其价值中不足以支付的部分。

定义 3.24 对任意的 $(N,v)\in\mathcal{G}$ 及 $i\in N$，i 在 (N,v) 中的退让值 (concession)[115]

$$\lambda_i=\min_{S\subseteq N:i\in S}g(S)$$

若局中人可自由结盟，则出于自身利益最大化考虑，他必定选择最有潜力的联盟，即差异值最小的联盟。退让值代表这一最小差异值。另外，由于

$$\lambda_i=M_i(N,v)-m_i(N,v)$$

退让值还描述了局中人可以放弃的最大收益数额。

定理 3.50 对任意的拟均衡合作博弈 $(N,v)\in\mathcal{G}$[115]，

(1) 若 $g(N)=0$，则

$$\tau(N,v)=M(N,v)$$

(2) 若 $g(N)>0$，则

$$\tau(N,v)=M(N,v)-\frac{g(N)}{\sum_{i\in N}\lambda_i}\lambda$$

① 任取合作博弈 $(N,v)\in\mathcal{G}$，若 $\sum_{i\in N}v(i)\leqslant v(N)$，则称 (N,v) 为弱本质合作博弈。

3.7.2 τ 值的公理化刻画

τ 值满足最小潜在收益性 (minimal right property)[116] 这一协变性的变体。

公理 3.41 最小潜在收益性：对任意的 $(N,v) \in \mathcal{G}^N$，都有

$$\varphi(N,v) = \varphi\big(N, v - m(N,v)\big) + m(N,v)$$

除了直接利用单值解在局中人间分配全局联盟价值，收益分配也可分成两步进行。首先，各局中人收获其最小潜在收益。其次，利用单值解在局中人间分配剩余合作博弈全局联盟的价值。最小潜在收益性要求两种方式对应的收益分配向量相等。

公理 3.42 受限比例性 (restricted proportionality)：对任意的 $(N,v) \in \mathcal{G}^N$，若

$$m(N,v) = 0$$

则 $\varphi(N,v)$ 与 $M(N,v)$ 成比例。

受限比例性要求所有局中人的最小潜在收益为 0 时，局中人收益向量与最大潜在收益向量成比例。由于 τ 值是局中人最大及最小潜在收益之间的折中，它显然满足这一性质。

定理 3.51 τ 值是 $\mathcal{G}^N$ 上唯一同时满足有效性、最小潜在收益性及受限比例性的值[116]。

定理 3.51 被 Sánchez-Soriano[114] 扩展用于刻画协变妥协值。然而，它并不是一个好的公理化刻画。正如 Bergantiños 和 Massó[113] 所言，受限比例性并不是一条好的公理，因为它已暗含在值的定义中。此外，Calvo 等[31] 利用五条公理刻画了 τ 值，然而其中的受限线性缺乏直观性。Driessen[117] 则利用缩减合作博弈一致性刻画了 τ 值，然而出于数学上的考虑，其中的 τ 值已不定义在拟均衡合作博弈上，且其缩减合作博弈也缺乏直观性。综上，到目前为止，τ 值的公理化刻画仍是一个未解决的问题。

3.8 合作博弈的比例值

Shapley 值、均分剩余值、一致值、Banzhaf 值、最小二乘预核仁、τ 值都满足二人均分剩余性，即在二人合作博弈中，局中人均分合作剩余。在一些特殊情况下，合作剩余的分配应该考虑局中人自身价值。比例值 (proportional value)[118] 依局中人自身价值按比例分配合作剩余。然而，它只能定义在正合作博弈 (positive cooperative game)[118] 上。

3.8.1 比例值的定义

定义 3.25　任取 $(N,v)\in\mathcal{G}$，若对任意的 $S\in 2^N\setminus\varnothing$，都有[118]

$$v(S)>0$$

则称 (N,v) 为正合作博弈。记正合作博弈的全体为 $\mathcal{G}_+$。

正合作博弈中任意非空联盟的价值都为正数。

定义 3.26　任取 $\mathcal{G}_+$ 上的单值解 φ，若对任意的 $(N,v)\in\mathcal{G}_+$ 及 $i\in N$，都有[118]

$$\varphi_i(N,v)>0$$

则称 φ 为 $\mathcal{G}_+$ 上的正值 (positive value)。

正值赋予任意正合作博弈中的局中人正收益。对应地，可定义负合作博弈 (negative cooperative game) 及负值 (negative value)，且本小节的所有结论同样成立。

Ortmann[118] 利用了一条类似于均衡贡献性的公理及有效性来构造比例值。

公理 3.43　均衡相对贡献性①：$\mathcal{G}_+$ 上的正值 φ 满足均衡相对贡献性当且仅当对任意的 $(N,v)\in\mathcal{G}_+$ 及 $\{i,j\}\subseteq N$，都有

$$\frac{\varphi_i(N,v)}{\varphi_i(N\setminus j,v)}=\frac{\varphi_j(N,v)}{\varphi_j(N\setminus i,v)} \tag{3.16}$$

均衡贡献性要求一对局中人彼此对对方收益的贡献相等，其中贡献用一方退出全局联盟后另一方收益的改变量来衡量。对应地，均衡相对贡献性要求一对局中人彼此对对方收益的相对贡献相等，其中相对贡献用一方退出全局联盟前后另一方收益的比值来衡量。

假设局中人 i 和 j 决定按比例分配彼此对对方收益的贡献之和，即

$$S_{ij}(N,v)=\varphi_i(N,v)-\varphi_i(N\setminus j,v)+\varphi_j(N,v)-\varphi_j(N\setminus i,v)$$

则 i 的收益

$$\varphi_i(N,v)=\varphi_i(N\setminus j,v)+\frac{\varphi_i(N\setminus j,v)}{\varphi_i(N\setminus j,v)+\varphi_j(N\setminus i,v)}S_{ij}(N,v)$$

整理后即得式 (3.16)。

① Ortmann[118] 称为保持比例性 (preserve ratios)。

定理 3.52 $\mathcal{G}_+$ 上有且仅有一个同时满足有效性和均衡相对贡献性的正值。具体地，对任意的 $(N,v)\in\mathcal{G}_+$ 及 $i\in N$，该值 (比例值)[118]

$$P_i(N,v)=\frac{v(N)}{1+\sum_{j\in N\setminus i}\dfrac{P_j(N\setminus i,v)}{P_i(N\setminus j,v)}}$$

其中，对单个局中人正合作博弈 (i,v)，

$$P_i(N,v)=v(i)$$

Vorob'ev 和 Liapounov[119] 及 Khmelnitskaya 和 Driessen[120] 构造了比例值类，即一类比例值。它们的共同特点是在二人合作博弈中依局中人价值按比例分配合作剩余。然而，这两类值都不能视为比例值的扩展。

3.8.2 比例值的公理化刻画

1. 势函数

Shapley 值容许势函数，具体体现为局中人的 Shapley 值即为它在势函数中对全局联盟的边际贡献。对应地，比例值也容许势函数，但此时局中人的比例值等于它在势函数中对全局联盟的相对边际贡献。

定义 3.27 任取 $\mathcal{G}_+$ 上的正值 φ 及 $\mathcal{G}_+$ 上的实值函数 $P:\mathcal{G}_+\to\mathbb{R}_+$。若对任意的 $(N,v)\in\mathcal{G}_+$ 及 $i\in N$，都有[118]

$$\varphi_i(N,v)=\frac{P(N,v)}{P(N\setminus i,v_{|N\setminus i})}$$

则称 P 为 φ 的势函数。

定理 3.53 $\mathcal{G}_+$ 上的正值 φ 容许势函数当且仅当它满足均衡相对贡献性[118]。

显然，比例值容许势函数，且对任意的 $(N,v)\in\mathcal{G}_+$，比例值的势函数

$$P(N,v)=\begin{cases}1 & , \quad N=\varnothing\\ v(N)/\sum_{i\in N}\dfrac{1}{P(N\setminus i,v)} & , \quad N\neq\varnothing\end{cases}$$

2. 缩减合作博弈一致性

尽管比例值和 Shapley 值在形式上明显不同，然而它们都满足 HM-缩减合作博弈一致性。因此，它们的区别在于对应的二人合作博弈分配方案。

公理 3.44 二人合作博弈比例性 (proportional for two person games)：对任意的二人正合作博弈 $(N,v)\in\mathcal{G}_+$ 及 $i\in N$，有

$$\varphi_i(N,v)=v(i)+\frac{v(i)}{v(i)+v(j)}\big(v(N)-v(i)-v(j)\big)=\frac{v(i)}{v(i)+v(j)}v(N)$$

定理 3.54 比例值是 $\mathcal{G}_+$ 上唯一同时满足二人合作博弈比例性及 HM-缩减合作博弈一致性的正值[118]①。

对比定理 2.26 与定理 3.54 可知，除了定义域不同，Shapley 值和比例值的主要区别在于对二人合作博弈的处理方法不同。Shapley 值在二人间均分合作剩余，比例值则依局中人价值按比例分配合作剩余。

① 注意，定理 3.54 的 HM-缩减合作博弈仍需为正合作博弈。

第 4 章　联盟结构合作博弈的 Owen 值

4.1　概　　述

合作博弈对局中人间的合作关系不做限制，即假设任意两个局中人都可合作。这往往与现实情况不符。1974 年，Aumann 和 Drèze[121] 提出了联盟结构 (coalition structure) 概念来对局中人间的合作关系进行限制。他们假设局中人集被分成若干个不相交的结构联盟 (a priori union)，结构联盟内部的局中人只能和结构联盟内部的局中人合作，不同结构联盟之间的合作则不被允许。于是，所考虑的合作博弈被分成了若干个限制合作博弈。Aumann-Drèze 值赋予任意局中人在其对应限制合作博弈中的 Shapley 值。

合作博弈理论假设局中人间可以达成一个有约束力的合作协议，从而形成全局联盟并获得全局联盟价值。但在 Aumann-Drèze 框架下，合作博弈被分成了若干个限制合作博弈，因而其中全局联盟及其价值无关紧要。显然，Aumann-Drèze 框架有悖于合作博弈理论的基本假设。为了解决这一问题，Owen[122] 在 1977 年对联盟结构概念做了放宽。他假设局中人只要征得其所在结构联盟中所有局中人的同意，便可和该结构联盟之外的局中人合作。于是，在 Owen 框架下，不仅结构联盟内部的局中人间可以合作，结构联盟间也可以有条件合作。由此，收益分配过程分为两个步骤。第一步，在所有结构联盟间分配全局联盟价值。第二步，在结构联盟内部的局中人间分配它在上一步的所得。联盟结构合作博弈的 Owen 值[122] 在每一步分配过程中都以 Shapley 值作为分配方法。显然，它是 Shapley 值在联盟结构情境下的推广。作为联盟结构合作博弈的第一种单值解，Owen 值在文献史上广受关注。本章将对其进行比较详细的介绍。

4.2　联盟结构合作博弈基本概念

定义 4.1　有限集 N 上的联盟结构是一有序二元组 $(N,\mathcal{C})$，其中[121]

$$\mathcal{C}=\{C_1,C_2,\cdots,C_m\}$$

是 N 的划分 (partition)，即满足：

(1) $\cup_{l=1}^{m}C_l=N$；

(2) 当 $l \neq k$ 时，$C_l \cap C_k = \varnothing$；

(3) 对任意的 $C_l \in \mathcal{C}$，都有 $C_l \neq \varnothing$。

称 $C_l(1 \leqslant l \leqslant m)$ 为 $\mathcal{C}$ 中的结构联盟。记 N 上联盟结构的全体为 $\mathcal{C}^N$。

N 上有两个特殊的联盟结构，即 $(N, \underline{N}) \in \mathcal{C}^N$ 和 $(N, \overline{N}) \in \mathcal{C}^N$，其中

$$\underline{N} = \big\{\{i\} | i \in N\big\}, \quad \overline{N} = \{N\}$$

通俗地说，$(N, \underline{N})$ 为由单个局中人集合构成的联盟结构，$(N, \overline{N})$ 为由全局联盟构成的单个大联盟结构。称 N 上的这两个特殊联盟结构为平凡联盟结构 (trivial coalition structure)。

对任意的 $(N, \mathcal{C}) \in \mathcal{C}^N$ 及 $i \in N$，记 $\mathcal{C}$ 中包含 i 的结构联盟为 $C(i)$。

定义 4.2 有限集 N 上的联盟结构合作博弈 (cooperative game with a coalition structure) 是一有序三元组 $(N, v, \mathcal{C})$[121]，其中：

(1) $(N, v) \in \mathcal{G}^N$ 是一合作博弈；

(2) $(N, \mathcal{C}) \in \mathcal{C}^N$ 是一联盟结构。

记 N 上联盟结构合作博弈的全体为 $\mathcal{GC}^N$(固定 N)。记联盟结构合作博弈的全体为 $\mathcal{GC}$(可变 N)。

定义 4.3 对任意的 $(N, v, \mathcal{C}) \in \mathcal{GC}$，其上的商合作博弈 (quotient game)，即 $(\mathcal{C}, v^{\mathcal{C}})$，是将 $\mathcal{C}$ 中的结构联盟当成局中人而由 (N, v) 导出的合作博弈，即对任意的 $\mathcal{C}' \subseteq \mathcal{C}$[122]，

$$v^{\mathcal{C}}(\mathcal{C}') = v\left(\bigcup_{C \in \mathcal{C}'} C\right)$$

易知当 $\mathcal{C} = \underline{N}$ 时，商合作博弈 $(\mathcal{C}, v^{\mathcal{C}})$ 与原合作博弈 (N, v) 等价。当 $\mathcal{C} = \overline{N}$ 时，商合作博弈中仅含一个局中人。

定义 4.4 任意 $\mathcal{GC}_0 \subseteq \mathcal{GC}(\mathcal{GC}^N)$ 上的值是一映射

$$\psi: \qquad \mathcal{GC}_0 \to \mathbb{R}^N$$

$$(N, v, \mathcal{C}) \in \mathcal{GC}_0 \to \psi(N, v, \mathcal{C}) \in \mathbb{R}^N$$

对任意的 $i \in N$，$\psi_i(N, v, \mathcal{C})$ 代表用值 ψ 在 N 间分配全局联盟价值 $v(N)$ 时，局中人 i 的收益。

4.3 Owen 值的定义

4.3.1 Owen 值的经典定义

Owen 值是 Shapley 值在联盟结构合作博弈上的推广。Shapley 值是局中人边际贡献的平均值，Owen 值在保留了“边际贡献”这一主要思想的同时，也考

虑了联盟结构对局中人间结盟关系的限制。

定义 4.5 对任意的联盟结构 $(N,\mathcal{C}) \in \mathcal{C}^N$ 及置换 $\pi \in \Omega(N)$，若任取局中人 $\{i,j\} \subseteq C \in \mathcal{C}$ 及 $l \in N$，都有[122]

$$\pi(i) < \pi(l) < \pi(j) \Longrightarrow l \in S$$

则称 π 为关于 $(N,\mathcal{C})$ 一致 (consistent) 的置换。记 N 上所有关于 $(N,\mathcal{C})$ 一致的置换为 $\Omega(\mathcal{C})$。

一致置换要求同一结构联盟中的局中人相继出现，即不允许其他结构联盟中的局中人混入当前结构联盟中。

定义 4.6 对任意的 $(N,v,\mathcal{C}) \in \mathcal{GC}$ 及 $i \in N$，i 在 $(N,v,\mathcal{C})$ 中的 Owen 值[122]

$$\mathrm{Ow}_i(N,v,\mathcal{C}) = \frac{1}{|\Omega(\mathcal{C})|} \sum_{\pi \in \Omega(\mathcal{C})} \big(v(P_i^\pi \cup i) - v(P_i^\pi)\big) \tag{4.1}$$

对比式 (4.1) 与式 (2.2) 可知，Owen 值与 Shapley 值的区别主要在于所考虑的局中人集置换集不同。Shapley 值考虑整个局中人集置换集，Owen 值则仅考虑该集合的一个子集，即关于联盟结构一致的置换集。易知当 $(N,\mathcal{C})$ 为平凡联盟结构时，Owen 值等价于 Shapley 值。

类似于式 (2.1)，式 (4.1) 可以化简为如下形式：

$$\begin{aligned} &\mathrm{Ow}_i(N,v,\mathcal{C}) \\ =& \sum_{\mathcal{C}' \subseteq \mathcal{C} \setminus C(i)} \sum_{T \subseteq C(i) \setminus i} \frac{|\mathcal{C}'|!(|\mathcal{C}| - |\mathcal{C}'| - 1)!}{|\mathcal{C}|!} \cdot \frac{t!\big(|C(i)| - t - 1\big)!}{|C(i)|!} \\ & \cdot \left(v\left(\bigcup_{C \in \mathcal{C}'} C \cup T \cup i \right) - v\left(\bigcup_{C \in \mathcal{C}'} C \cup T \right) \right) \end{aligned} \tag{4.2}$$

4.3.2 Owen 值的两步分配式定义

在收益分配过程中，结构联盟可当成是压力群体 (pressure group)[123]。因为它们的存在，收益分配过程可自顶向下分为两个步骤：第一步在各结构联盟间分配全局联盟价值，第二步在各结构联盟的局中人间分配结构联盟在第一步的所得。Owen 值的分配过程可分为这样的两个步骤，其中每一步都利用 Shapley 值作为分配方法。显然，这里的第一步分配可通过商合作博弈的 Shapley 值来完成。为了完成第二步分配，需要在每一个结构联盟上定义一个合作博弈。

定义 4.7 对任意的 $(N,v,\mathcal{C}) \in \mathcal{GC}$ 及 $C \in \mathcal{C}$，C 上的 Sh-内部合作博弈 (internal game) 是一合作博弈 (C,v_C)，其中对任意的 $S \subseteq C$，有[122]

$$v_C(S) = \mathrm{Sh}_S(\mathcal{C}_{|N \setminus (C \setminus S)}, v_\mathcal{C}) \tag{4.3}$$

其中，$(\mathcal{C}_{|N\setminus(C\setminus S)}, v_{\mathcal{C}})$ 表示商合作博弈 $(\mathcal{C}, v_{\mathcal{C}})$ 在 $N\setminus(C\setminus S)$ 上的限制。

假设 $C\setminus S$ 退出全局联盟 N，且 S 取代 C 在 $\mathcal{C}$ 中的位置，则由 $(N, v, \mathcal{C})$ 可导出一个新商合作博弈。S 在该商合作博弈中的 Shapley 值即为 S 在 Sh-内部合作博弈中的价值。因而，Sh-内部合作博弈描述了联盟 S 相对于其补集 $C\setminus S$ 的“势”。

显然，当 $\mathcal{C}$ 为平凡联盟结构时，Sh-内部合作博弈与原合作博弈等价。

定理 4.1　对任意的 $(N, v, \mathcal{C}) \in \mathcal{GC}$ 及 $i \in N$，都有[122]

$$\mathrm{Ow}_i(N, v, \mathcal{C}) = \mathrm{Sh}_i\big(C(i), v_{C(i)}\big)$$

其中，$\big(C(i), v_{C(i)}\big)$ 代表 Sh-内部合作博弈。

在 $C(i)$ 上的 Sh-内部合作博弈中，全局联盟价值即为 $C(i)$ 在第一步分配过程中的收益，式 (4.1) 建立了 Owen 值的两步分配过程。另外，定理 4.1 还显示 Owen 值的边际贡献描述与其两步描述一致，因而该性质往往称为 Owen 值的一致性 (consistency)。

式 (4.3) 假设 $C\setminus S$ 中的局中人离开结构联盟 C 后，进一步退出全局联盟 N。Hart 和 Kurz[124] 假设他们不退出全局联盟，但以某种独立于 S 的方式留存于联盟结构中。具体地，他们考虑如下两种极端情形：第一种，$C\setminus S$ 作为一个结构联盟留存于 $(N, \mathcal{C})$ 中，即 $\mathcal{C} = \{C, C_1, C_2, \cdots, C_m\}$ 变为

$$\mathcal{C}_1 = \{S, C\setminus S, C_1, C_2, \cdots, C_m\} \tag{4.4}$$

第二种，$C\setminus S$ 中的局中人都作为结构联盟留存于 $(N, \mathcal{C})$ 中，由此 $\mathcal{C}$ 变为

$$\mathcal{C}_2 = \big\{S, \{i\}_{i\in C\setminus S}, C_1, C_2, \cdots, C_m\big\}$$

不论 $C\setminus S$ 采取哪一种形式，对应的联盟结构合作博弈 $(N, v, \mathcal{C}_1)$ 及 $(N, v, \mathcal{C}_2)$ 都对应一个新商合作博弈。于是，类似于定义 4.7，利用这一新商合作博弈可构造新的 Sh-内部合作博弈。Hart 和 Kurz[124] 证明，Owen 值也等价于这两种 Sh-内部合作博弈的 Shapley 值。

4.4　Owen 值的公理化刻画

4.4.1　对称性

由于 Owen 值是 Shapley 值的扩展，因而可通过扩展 Shapley 值的公理化刻画而得到 Owen 值的公理化刻画。

公理 4.1 有效性：对任意的 $(N,v,\mathcal{C})\in\mathcal{GC}^N$，都有

$$\sum_{i\in N}\psi_i(N,v,\mathcal{C})=v(N)$$

公理 4.2 可加性：对任意的 $\{(N,u,\mathcal{C}),(N,v,\mathcal{C})\}\subseteq\mathcal{GC}^N$，都有

$$\psi(N,u+v,\mathcal{C})=\psi(N,u,\mathcal{C})+\psi(N,v,\mathcal{C})$$

公理 4.3 无效性：对任意的 $(N,v,\mathcal{C})\in\mathcal{GC}^N$，若 $i\in N$ 是 (N,v) 的无效局中人，则

$$\psi_i(N,v,\mathcal{C})=0$$

公理 4.4 哑元性：对任意的 $(N,v,\mathcal{C})\in\mathcal{GC}^N$，若 $i\in N$ 是 (N,v) 的哑局中人，则

$$\psi_i(N,v,\mathcal{C})=v(i)$$

由于联盟结构会影响局中人间的“对称”关系，因而在联盟结构情境下，对称性有两个变种：联盟间对称性 (coalitional symmetry) 和联盟内对称性 (intra-coalitional symmetry)。

公理 4.5 联盟间对称性：对任意的 $(N,v,\mathcal{C})\in\mathcal{GC}^N$，若 $\{C,C'\}\subseteq\mathcal{C}$ 是其商合作博弈 $(\mathcal{C},v^{\mathcal{C}})$ 的对称局中人，则

$$\sum_{i\in C}\psi_i(N,v,\mathcal{C})=\sum_{i\in C'}\psi_i(N,v,\mathcal{C})$$

公理 4.6 联盟内对称性：对任意的 $(N,v,\mathcal{C})\in\mathcal{GC}^N$，若 $\{i,j\}\subseteq C\in\mathcal{C}$ 是 (N,v) 的对称局中人，则

$$\psi_i(N,v,\mathcal{C})=\psi_j(N,v,\mathcal{C})$$

联盟间对称性要求商合作博弈中的对称局中人拥有相同的集结收益。联盟内对称性则要求隶属于同一个结构联盟且在原合作博弈中对称的局中人收益相同。它们都是对称性的变种。

定理 4.2 Owen 值是 $\mathcal{GC}^N$ 上唯一同时满足有效性、可加性、联盟间对称性、联盟内对称性和无效性/哑元性的值[122]。

Peleg 和 Sudhölter[125] 将定理 4.2 的联盟间对称性换成了商合作博弈性 (quotient game property)。它要求结构联盟的集结收益与其在商合作博弈中的收益相等。

公理 4.7 商合作博弈性：对任意的 $(N, v, \mathcal{C}) \in \mathcal{GC}^N$ 及 $C \in \mathcal{C}$，都有

$$\sum_{i \in C} \psi_i(N, v, \mathcal{C}) = \psi_C(\mathcal{C}, v^{\mathcal{C}}, \underline{\mathcal{C}})$$

定理 4.3 Owen 值是 $\mathcal{GC}^N$ 上唯一同时满足有效性、可加性、商合作博弈性、联盟内对称性及无效性的值[125]。

Hart 和 Kurz[124] 将定理 4.2 的联盟间对称性换成了联盟非本质合作博弈性 (coalitional inessential game property)。它要求商合作博弈为非本质合作博弈时，各结构联盟的集结收益等于自身价值。但由于相应定理的证明过程中需要用到无效局中人退出全局联盟这一行为，因而无效性应加强为无效局中人零贡献性。

公理 4.8 联盟非本质合作博弈性：对任意的 $(N, v, \mathcal{C}) \in \mathcal{GC}^N$，若其商合作博弈 $(\mathcal{C}, v^{\mathcal{C}})$ 是非本质合作博弈，则对任意的 $C \in \mathcal{C}$，都有

$$\sum_{i \in C} \psi_i(N, v, \mathcal{C}) = v(C)$$

公理 4.9 无效局中人零贡献性：对任意的 $(N, v, \mathcal{C}) \in \mathcal{GC}$，若 $i \in N$ 是 (N, v) 的无效局中人，则对任意的 $j \in N \setminus i$，都有[①]

$$\psi_j(N, v, \mathcal{C}) = \psi_j(N \setminus i, v, \mathcal{C})$$

定理 4.4 Owen 值是 $\mathcal{GC}$ 上唯一同时满足有效性、可加性、联盟非本质合作博弈性、联盟内对称性及无效局中人零贡献性的值[124][②]。

定理 4.4 的联盟非本质合作博弈性也可替换成如下几条公理[124]。它们分别是无效性、哑元性及零合作博弈性在商合作博弈上的修正。

公理 4.10 联盟无效性 (null coalition)：对任意的联盟结构合作博弈 $(N, v, \mathcal{C}) \in \mathcal{GC}^N$，若结构联盟 $C \in \mathcal{C}$ 是其商合作博弈 $(\mathcal{C}, v^{\mathcal{C}})$ 的无效局中人，则

$$\sum_{i \in C} \psi_i(N, v, \mathcal{C}) = 0$$

公理 4.11 联盟哑元性 (dummy coalition)：对任意的 $(N, v, \mathcal{C}) \in \mathcal{GC}^N$，若 $C \in \mathcal{C}$ 是其商合作博弈 $(\mathcal{C}, v^{\mathcal{C}})$ 的哑局中人，则

$$\sum_{i \in C} \psi_i(N, v, \mathcal{C}) = v(C)$$

① 为了符号简洁，对任意的联盟结构合作博弈 $(N, v, \mathcal{C}) \in \mathcal{GC}$ 及非空联盟 $S \in 2^N \setminus \varnothing$，本书将用 $(S, v, \mathcal{C})$ 表示 $(N, v, \mathcal{C})$ 在 S 上的限制。

② Albizuri 和 Zarzuelo[126] 将联盟内对称性加强成了重排性 (rearrangement)，由此可去掉联盟非本质合作博弈性。

公理 4.12 联盟零合作博弈性 (coalitional zero game)：对任意的 $(N,v,\mathcal{C})\in\mathcal{GC}^N$，若其商合作博弈 $(\mathcal{C},v^{\mathcal{C}})$ 是零合作博弈①，则

$$\sum_{i\in C}\psi_i(N,v,\mathcal{C})=0$$

4.4.2 边际贡献性

类似于 Young[45]，Khmelnitskaya 和 Yanovskaya[127] 将定理 4.2 的可加性和无效性替换成了边际贡献性，并由此得到了 Owen 值的公理化刻画。

公理 4.13 边际贡献性：对任意的 $\{(N,u,\mathcal{C}),(N,v,\mathcal{C})\}\subseteq\mathcal{GC}^N$ 及 $i\in N$，若任取 $S\subseteq N\setminus i$，都有

$$u(S\cup i)-u(S)=v(S\cup i)-v(S)$$

则

$$\psi_i(N,u,\mathcal{C})=\psi_i(N,v,\mathcal{C})$$

定理 4.5 Owen 值是 $\mathcal{GC}^N$ 上唯一同时满足有效性、联盟间对称性、联盟内对称性及边际贡献性的值[127]。

Casajus[128] 将定理 4.5 的边际贡献性替换成了差分边际贡献性。但他利用了差分边际贡献性在联盟结构情境下的两个变体：联盟间差分边际贡献性 (differential marginality between coalition) 和联盟内差分边际贡献性 (differential marginality within coalition)。

公理 4.14 联盟间差分边际贡献性：对任意的 $\{(N,u,\mathcal{C}),(N,v,\mathcal{C})\}\subseteq\mathcal{GC}^N$ 及结构联盟 $\{C,C'\}\subseteq\mathcal{C}$，若任取 $\mathcal{C}'\subseteq\mathcal{C}\setminus\{C,C'\}$，都有

$$u^{\mathcal{C}}(\mathcal{C}'\cup C)-u^{\mathcal{C}}(\mathcal{C}'\cup C')=v^{\mathcal{C}}(\mathcal{C}'\cup C)-v^{\mathcal{C}}(\mathcal{C}'\cup C')$$

则

$$\sum_{i\in C}\psi_i(N,u,\mathcal{C})-\sum_{i\in C'}\psi_i(N,u,\mathcal{C})=\sum_{i\in C}\psi_i(N,v,\mathcal{C})-\sum_{i\in C'}\psi_i(N,v,\mathcal{C})$$

公理 4.15 联盟内差分边际贡献性：对任意的 $\{(N,u,\mathcal{C}),(N,v,\mathcal{C})\}\subseteq\mathcal{GC}^N$ 及局中人 $\{i,j\}\subseteq C\in\mathcal{C}$，若任取 $S\subseteq N\setminus\{i,j\}$，都有

$$u(S\cup i)-u(S\cup j)=v(S\cup i)-v(S\cup j)$$

则

$$\psi_i(N,u,\mathcal{C})-\psi_j(N,u,\mathcal{C})=\psi_i(N,v,\mathcal{C})-\psi_j(N,v,\mathcal{C})$$

① 即对任意的 $\mathcal{C}'\subseteq\mathcal{C}$，都有 $v^{\mathcal{C}}(\mathcal{C}')=0$。

联盟间差分边际贡献性要求商合作博弈中相同的边际贡献差对应相同的集结收益差。联盟内差分边际贡献性则要求在结构联盟内部，相同的边际贡献差对应相同的收益差。

定理 4.6 Owen 值是 $\mathcal{GC}^N$ 上唯一同时满足有效性、联盟间差分边际贡献性、联盟无效性、联盟内差分边际贡献性及无效性的值[128]。

4.4.3 均衡贡献性

Calvo 等[129] 及 Amer 和 Carreras[130] 将均衡贡献性扩展到了联盟结构情境。类似于差分边际贡献性，此时均衡贡献性有联盟间均衡贡献性 (coalitional balanced contributions) 和联盟内均衡贡献性 (intra-coalitional balanced contributions) 两个变体。

公理 4.16 联盟间均衡贡献性：对任意的 $(N,v,\mathcal{C})\in\mathcal{GC}^N$ 及 $\{C,C'\}\subseteq\mathcal{C}$，有

$$\begin{aligned}&\sum_{i\in C}\psi_i(N,v,\mathcal{C})-\sum_{i\in C}\psi_i(N\setminus C',v,\mathcal{C})\\=&\sum_{i\in C'}\psi_i(N,v,\mathcal{C})-\sum_{i\in C'}\psi_i(N\setminus C,v,\mathcal{C})\end{aligned}$$

公理 4.17 联盟内均衡贡献性：对任意的 $(N,v,\mathcal{C})\in\mathcal{GC}^N$ 及 $\{i,j\}\subseteq C\in\mathcal{C}$，有

$$\psi_i(N,v,\mathcal{C})-\psi_i(N\setminus j,v,\mathcal{C})=\psi_j(N,v,\mathcal{C})-\psi_j(N\setminus i,v,\mathcal{C})$$

联盟间均衡贡献性要求任意两个结构联盟对对方集结收益的贡献相同。对应地，联盟内均衡贡献性则要求同结构联盟中的一对局中人对对方收益的贡献相同。它们都是均衡贡献性在联盟结构情境下的修正。

定理 4.7 Owen 值是 $\mathcal{GC}$ 上唯一同时满足有效性、联盟间均衡贡献性及联盟内均衡贡献性的值[129,130]①。

Lorenzo-Freire[131] 将定理 4.7 的联盟间均衡贡献性换成了如下两条公理。

公理 4.18 最细联盟结构 Shapley 值等价性 (coalitional Shapley value for singletons)：对任意的 $(N,v)\in\mathcal{G}^N$，都有

$$\psi(N,v,\underline{N})=\mathrm{Sh}(N,v)$$

公理 4.19 外部联盟合并无关性 (independence of amalgamation in other unions)：对任意的 $(N,v,\mathcal{C})\in\mathcal{GC}$，$\{i,j\}\subseteq C\in\mathcal{C}$ 及 $k\in N\setminus C$，有

$$\psi_k(N,v,\mathcal{C})=\psi_k(N\setminus\{i,j\}\cup p,v_p,\mathcal{C})$$

① 联盟间均衡贡献性可换成商合作博弈性[132]。

其中，$(N\setminus\{i,j\}\cup p, v_p, \mathcal{C})$ 表示在 $(N,v,\mathcal{C})$ 中将 i 和 j 合并成 p 后形成的新联盟结构合作博弈，v_p 的定义则如式 (3.6) 所示。

最细联盟结构 Shapley 值等价性要求结构联盟均为单元素集时，所考虑的值等价于 Shapley 值。它充分体现了所考虑的值是 Shapley 值的扩展。外部联盟合并无关性则要求合并同结构联盟中的两个局中人不影响该结构联盟外部局中人的收益。

定理 4.8 Owen 值是 $\mathcal{GC}$ 上唯一同时满足最细联盟结构 Shapley 值等价性、联盟内均衡贡献性及如下两组性质之一的值[131]：

(1) 商合作博弈性；

(2) 有效性和外部联盟合并无关性。

在联盟结构情境下，局中人离开所在结构联盟后，既可能离开全局联盟，也可能留在全局联盟中。因而，联盟内均衡贡献性存在如下变体。

公理 4.20 联盟内分裂均衡贡献性①：对任意的 $(N,v,\mathcal{C})\in\mathcal{GC}^N$ 及 $\{i,j\}\subseteq C\in\mathcal{C}$，有[101]

$$\psi_i(N,v,\mathcal{C})-\psi_i(N,v,\mathcal{C}_{-j})=\psi_j(N,v,\mathcal{C})-\psi_j(N,v,\mathcal{C}_{-i})$$

其中，$\mathcal{C}_{-j}$ 是式 (4.4) 的特例，表示 j 离开 $C(i)$ 后形成的新联盟结构，即

$$\mathcal{C}_{-j}=\big\{\mathcal{C}\setminus C, C\setminus j, \{j\}\big\}$$

定理 4.9 Owen 值是 $\mathcal{GC}^N$ 上唯一同时满足最细联盟结构 Shapley 值等价性、联盟内分裂均衡贡献性及如下两组性质之一的值[133]：

(1) 商合作博弈性；

(2) 有效性和外部联盟合并无关性。

Lorenzo-Freire[131] 提出了联盟结构合作博弈值满足联盟内均衡贡献性的两个充要条件。

对任意的 $(N,v,\mathcal{C})\in\mathcal{GC}$，$C\in\mathcal{C}$ 及 $\mathcal{GC}$ 上的值 ψ，C 上关于 ψ 的辅助合作博弈 $(C,v^{\psi,\mathcal{C}})\in\mathcal{G}$ 是一合作博弈，其中对任意的 $S\subseteq C$，有

$$v^{\psi,\mathcal{C}}(S)=\sum_{i\in S}\psi_i\big((N\setminus C)\cup S, v, \mathcal{C}\big)$$

通俗地说，联盟 S 在辅助合作博弈中的价值即为其取代结构联盟 C 后，S 中局中人的收益之和。

定理 4.10 $\mathcal{GC}$ 上的值 ψ 满足联盟内均衡贡献性当且仅当它满足如下条件之一[131]：

① Alonso-Meijide 等[101] 也称为联盟内均衡贡献性 (balanced contributions within unions)。

(1) 对任意的 $(N,v,\mathcal{C}) \in \mathcal{GC}$ 及 $i \in N$，有

$$\psi_i(N,v,\mathcal{C}) = \frac{v^{\psi,\mathcal{C}}\big(C(i)\big) - v^{\psi,\mathcal{C}}\big(C(i)\setminus i\big) + \sum_{j\in C(i)\setminus i}\psi_i(N\setminus j,v,\mathcal{C})}{|C(i)|}$$

(2) 对任意的 $(N,v,\mathcal{C}) \in \mathcal{GC}$，有

$$\psi(N,v,\mathcal{C}) = \mathrm{Sh}\big(C(i),v^{\psi,\mathcal{C}}\big)$$

显然，定理 4.10 是定理 2.25 在联盟结构情境下的扩展。

4.4.4 伴随合作博弈一致性

Hamiache[134] 构造了一种伴随联盟结构合作博弈，也称为 H-伴随联盟结构合作博弈，并用于刻画 Owen 值。

定义 4.8 对任意的 $(N,v,\mathcal{C}) \in \mathcal{GC}$，其 H-伴随联盟结构合作博弈 I，记为 $(N,v_\psi^*,\mathcal{C})$，是一联盟结构合作博弈，其中对任意的 $S \subseteq N$，有[134]

$$v_\psi^*(S) = \begin{cases} v(S) + \sum\limits_{C\in\mathcal{C}_{|N\setminus S}} \left(\sum\limits_{i\in C}\psi_i(S\cup C,v,\mathcal{C}) - v(C)\right) &, \quad S \neq \varnothing \\ 0 &, \quad S = \varnothing \end{cases}$$

假设 S 因“近视”而看不清 $N\setminus S$ 中局中人间的合作关系。此时，S 选择与 $(N\setminus S,\mathcal{C})$ 中的结构联盟依次合作，并利用值 ψ 来分配 $(S\cup C,v,\mathcal{C})$ 中全局联盟的价值。于是，联盟 S 可为结构联盟 C 带来价值增值 $\sum_{i\in C}\psi_i(S\cup C,v,\mathcal{C}) - v(C)$。联盟 S 在 H-伴随联盟结构合作博弈 I 中的价值即为其自身价值与所有这样的价值增值的和。由于 S 获得了它为 C 带来的全部价值增值，因而可认为它统治了 C。于是，定义 4.8 是基于一种“分而治之”(divide and rule) 思想。

为了利用 H-伴随联盟结构合作博弈 I 一致性来刻画 Owen 值，下面需要两种特殊的非负性及对称性。

公理 4.21 一致联盟结构合作博弈非负性 (positivity)：对任意的一致联盟结构合作博弈 $(N,u_T,\mathcal{C}) \in \mathcal{GC}^N$，非负实数 $c \in \mathbb{R}_+ \cup 0$ 及局中人 $i \in N$，都有

$$\psi_i(N,cu_T,\mathcal{C}) \geqslant 0$$

公理 4.22 平凡联盟结构对称性 (symmetry)：对任意的 $(N,v) \in \mathcal{G}^N$，若 $\{i,j\} \subseteq N$ 是其对称局中人，则

$$\begin{cases} \psi_i(N,v,\underline{N}) = \psi_j(N,v,\underline{N}) \\ \psi_i(N,v,\overline{N}) = \psi_j(N,v,\overline{N}) \end{cases} \tag{4.5}$$

一致联盟结构合作博弈非负性要求非负一致联盟结构合作博弈中局中人收益非负。平凡联盟结构对称性则要求联盟结构平凡时，对称局中人拥有相同的收益。

定理 4.11 Owen 值是 $\mathcal{GC}$ 上唯一同时满足有效性、可加性、无效局中人零贡献性、一致联盟结构合作博弈非负性、平凡联盟结构对称性及 H-伴随联盟结构合作博弈 I 一致性的值[134]①。

定义 4.8 要求 S 收获 $\mathcal{C}_{N\setminus S}$ 中任意结构联盟的全部价值增值。这一做法稍显“霸道”。与此相对，Hamiache[135] 提出了两种新的伴随合作博弈，并由此刻画了 Owen 值。

定义 4.9 对任意的 $(N,v,\mathcal{C})\in\mathcal{GC}$，其 H-伴随联盟结构合作博弈 II，记为 $(N,v_\psi^*,\mathcal{C})$，是一个联盟结构合作博弈[135]，其中对任意的 $S\subseteq N$，有

$$v_\psi^*(S)=v(N)-v(N\setminus\overline{S})-\sum_{i\in\overline{S}\setminus S}\psi_i(N,v,\mathcal{C})$$

其中，$\overline{S}$ 表示 $\mathcal{C}$ 中 S 的最小覆盖 (minimal cover)，即 $\overline{S}=\cup\{C\in\mathcal{C}|S\cap C\neq\varnothing\}$。

由于 $\overline{S}$ 表示 $\mathcal{C}$ 中 S 的最小覆盖，故 $\overline{S}\setminus S$ 中的局中人至少与 S 中的一个局中人位于同一结构联盟。于是，$\overline{S}\setminus S$ 可看作 S 的朋友。假设 S 可以集合它所有的朋友，在不损害其朋友利益的前提下 (即赋予其朋友预期收益 $\psi_i(N,v,\mathcal{C})$)，共同对付他们的“敌人” $N\setminus\overline{S}$(即剥夺全局联盟价值中其“敌人”价值的剩余)，则此时 S 的收益即为它在 H-伴随联盟结构合作博弈 II 中的价值。因此，H-伴随联盟结构合作博弈 II 描述了联盟相对于其“敌人”的势。

定理 4.12 Owen 值是 $\mathcal{GC}$ 上唯一同时满足有效性、可加性、无效局中人零贡献性、平凡联盟结构对称性及 H-伴随联盟结构合作博弈 II 一致性的值[135]。

除了 H-伴随联盟结构合作博弈 II，Hamiache[135] 还提出了另一种基于“分而治之”思想的伴随合作博弈。

定义 4.10 对任意的 $(N,v,\mathcal{C})\in\mathcal{GC}$，其 H-伴随联盟结构合作博弈 III，记为 $(N,v_\psi^*,\mathcal{C})$，是一个联盟结构合作博弈[135]，其中对任意的 $S\subseteq N$，有

$$v_\psi^*(S)=v(\overline{S})+\sum_{C\in\mathcal{C}_{|N\setminus\overline{S}}}\big(v(C\cup\overline{S})-v(C)-v(\overline{S})\big)-\sum_{i\in\overline{S}\setminus S}\psi_i(N,v,\mathcal{C}) \tag{4.6}$$

假设联盟 S 联合其朋友采取“分而治之”策略对抗其敌人 $N\setminus\overline{S}$。联盟 S 将赋予其朋友在原合作博弈中的收益，并收获它带给任何敌对结构联盟的价值增值。由此，它的价值即如式 (4.6) 所示。

① 这一定理仅需式 (4.5) 的第一式。

定理 4.13　Owen 值是 $\mathcal{GC}$ 上唯一同时满足有效性、可加性、无效局中人零贡献性、平凡联盟结构对称性及 H-伴随联盟结构合作博弈 III 一致性的值[135]①。

4.4.5　缩减合作博弈一致性

Winter[136] 将 HM-缩减合作博弈扩展到了联盟结构合作博弈，并由此刻画了 Owen 值。

定义 4.11　任取 $\mathcal{GC}$ 上一单值解 ψ，$(N,v,\mathcal{C})\in\mathcal{GC}$ 及 $T\subseteq C\in\mathcal{C}$。$T$ 上关于 ψ 的 HM-缩减联盟结构合作博弈，记为 $(T,v_T^{\psi},\underline{T})$，是一个联盟结构合作博弈[136]，其中对任意的 $S\subseteq T$，有

$$v_T^{\psi}(S)=v\big(S\cup(N\setminus T)\big)-\sum_{i\in N\setminus T}\psi_i\big(S\cup(N\setminus T),v,\mathcal{C}\big) \tag{4.7}$$

由式 (4.7) 可知，联盟 S 在 HM-缩减联盟结构合作博弈中的价值等于它摆脱 $T\setminus S$，而与 $N\setminus T$ 合作，并利用值 ψ 来分配 $(S\cup(N\setminus T),v,\mathcal{C})$ 中全局联盟价值的情况下，所能获得的收益。显然，类似于均衡贡献性，这一收益可以理解成 S 相对于 $T\setminus S$ 的“势”。

公理 4.23　缩减联盟结构合作博弈一致性：对任意的 $(N,v,\mathcal{C})\in\mathcal{GC}$，$T\subseteq C\in\mathcal{C}$ 及 $i\in T$，有

$$\psi_i(N,v,\mathcal{C})=\psi_i(T,v_T^{\psi},\underline{T})$$

为了利用缩减联盟结构合作博弈一致性来刻画 Owen 值，需要协变性在联盟结构情境下的修正。

公理 4.24　协变性：对任意的 $(N,v,\mathcal{C})\in\mathcal{GC}^N$，$\alpha\in\mathbb{R}$ 及 $\beta\in\mathbb{R}^N$，都有

$$\psi(N,\alpha v+\beta,\mathcal{C})=\alpha\psi(N,v,\mathcal{C})+\beta$$

定理 4.14　Owen 值是 $\mathcal{GC}$ 上唯一同时满足有效性、协变性、商合作博弈性、联盟内对称性及 HM-缩减联盟结构合作博弈一致性的值[136]。

4.4.6　势函数

除了将 HM-缩减合作博弈扩展到联盟结构情境，Winter[136] 还将合作博弈的势函数扩展到了联盟结构合作博弈。

定义 4.12　任取 $\mathcal{GC}$ 上的向量值函数 P，若对任意的 $(N,v,\mathcal{C})\in\mathcal{GC}$[136]，都有

(1) $P(N,v,\mathcal{C})\in\mathbb{R}^{\mathcal{C}}$；

① 这一定理仅需式 (4.5) 的第二式。

(2) 对任意的 $C \in \mathcal{C}$ 及 $S \subseteq N \setminus C$，有

$$P_C(S, v, \mathcal{C}) = 0$$

(3) 对任意的 $C \in \mathcal{C}$，有

$$\sum_{i \in C} \big(P_C(N, v, \mathcal{C}) - P_{C\setminus i}(N \setminus i, v, \mathcal{C})\big) = P_C(\mathcal{C}, v^{\mathcal{C}}, \underline{\mathcal{C}}) - P_C(\mathcal{C} \setminus C, v^{\mathcal{C}}, \underline{\mathcal{C}})$$

(4) $\sum_{i \in N} \big(P_{C(i)}(N, v, \mathcal{C}) - P_{C(i)\setminus i}(N \setminus i, v, \mathcal{C})\big) = v(N)$；
则称 P 为 $\mathcal{G}$ 上的势函数。

对比定义 2.3 和定义 4.12 可知，由于联盟结构的存在，势函数由实值函数变成了向量值函数。相应地，对应于联盟结构情境下分配过程的两个层次，边际贡献条件也由一个变成了两个。

定理 4.15 $\mathcal{GC}$ 上的势函数是唯一的，且各局中人在势函数中的边际贡献即为其 Owen 值，即对任意的 $(N, v, \mathcal{C}) \in \mathcal{GC}$ 及 $i \in N$，都有[136]

$$\mathrm{Ow}_i(N, v, \mathcal{C}) = P_{C(i)}(N, v, \mathcal{C}) - P_{C(i)\setminus i}(N \setminus i, v, \mathcal{C})$$

定理 4.16 对任意的 $(N, v, \mathcal{C}) \in \mathcal{GC}$，其势函数[131, 136]

$$\begin{aligned}
&P(N, v, \mathcal{C}) \\
&= \sum_{\mathcal{C}' \subseteq \mathcal{C}\setminus C(i)} \sum_{T \subseteq C(i): T \ni i} \frac{|\mathcal{C}'|!(|\mathcal{C}| - |\mathcal{C}'| - 1)!}{|\mathcal{C}|!} \cdot \frac{(t-1)!\big(|C(i)| - t\big)!}{|C(i)|!} \\
&\quad \cdot \left(v\left(\bigcup_{C \in \mathcal{C}'} C \cup T\right) - v\left(\bigcup_{C \in \mathcal{C}'} C\right)\right)
\end{aligned}$$

类似于定义 2.5，在联盟结构情境下也可定义可容许势函数概念。

定义 4.13 任取 $\mathcal{GC}$ 上的值 ψ，若存在 $\mathcal{GC}$ 上的向量值函数 P，使得对任意的 $(N, v, \mathcal{C}) \in \mathcal{GC}$ 及 $i \in N$，都有[131]

(1) $P(N, v, \mathcal{C}) \in \mathbb{R}^{\mathcal{C}}$；

(2) 对任意的 $C \in \mathcal{C}$ 及 $S \subseteq N \setminus C$，有

$$P_C(S, v, \mathcal{C}) = 0$$

(3) $\psi_i(N, v, \mathcal{C}) = P_{C(i)}(N, v, \mathcal{C}) - P_{C(i)\setminus i}(N \setminus i, v, \mathcal{C})$；
则称值 ψ 是可容许势函数。

定理 4.17 $\mathcal{GC}$ 上值 ψ 可容许势函数当且仅当它满足如下性质之一[131]：

(1) 联盟内均衡贡献性；

(2) 对任意的 $(N,v,\mathcal{C})\in\mathcal{GC}$，有

$$\psi(N,v,\mathcal{C})=\mathrm{Sh}(N,v^{\psi,\mathcal{C}})$$

4.4.7 联盟结构等价性

在 Owen[122]、Hart 和 Kurz[124] 及 Peleg 和 Sudhölter[125] 的 Owen 值公理化刻画中，有效性均可替换成联盟结构等价性 (coalitional structure equivalence)[137]。

公理 4.25 联盟结构等价性：对任意的 $(N,v,\mathcal{C})\in\mathcal{GC}^N$，都有

$$\psi(N,v,\underline{N})=\psi(N,v,\overline{N})$$

两种平凡联盟结构对局中人的合作关系没做任何限制，因而它们不影响收益分配过程。联盟结构等价性要求局中人在两种平凡联盟结构中的收益相等。

将定理 4.2 的有效性替换成联盟结构等价性，并加上无效局中人零贡献性即得 Owen 值的另一个公理化刻画。

公理 4.26 非本质合作博弈性：对任意的 $(N,v,\mathcal{C})\in\mathcal{GC}^N$，若 (N,v) 为非本质合作博弈，则任取 $i\in N$，都有

$$\psi_i(N,v,\mathcal{C})=v(i)$$

定理 4.18 Owen 值是 $\mathcal{GC}$ 上唯一同时满足联盟结构等价性、无效局中人零贡献性、可加性、联盟间对称性、联盟内对称性及哑元性/非本质合作博弈性的值[137]。

定理 4.3 及定理 4.4 的有效性也可换成联盟结构等价性。

定理 4.19 Owen 值是 $\mathcal{GC}$ 上唯一同时满足联盟结构等价性、无效局中人零贡献性、可加性、联盟非本质合作博弈性及联盟内对称性的值[137]。

定理 4.20 Owen 值是 $\mathcal{GC}^N$ 上唯一同时满足联盟结构等价性、可加性、商合作博弈性、联盟内对称性及哑元性的值[137]。

定理 4.8 的最细联盟结构 Shapley 值等价性也可替换成联盟结构等价性。

定理 4.21 Owen 值是 $\mathcal{GC}$ 上唯一同时满足有效性、联盟结构等价性、外部联盟合并无关性及联盟内均衡贡献性的值[131]。

对应地，若将定理 4.10 的最细联盟结构 Shapley 值等价性替换成联盟结构等价性，还需加上如下一个比较弱的公理。

公理 4.27 单人联盟结构合作博弈有效性 (1-player efficiency)：对任意的联盟结构合作博弈 $(N,v,\mathcal{C})\in\mathcal{GC}^N$，若 $n=1$，则

$$\psi_i(N,v,\mathcal{C})=v(N)$$

定理 4.22 Owen 值是 $\mathcal{GC}^N$ 上唯一同时满足商合作博弈性、单人联盟结构合作博弈有效性、联盟结构等价性及联盟内均衡贡献性的值[131]。

4.4.8 协调性

外部联盟合并无关性要求合并同结构联盟中的两个局中人不影响该结构联盟外部局中人的收益。由于这一合并动作不影响结构联盟的对外表现，因而它不应该影响联盟外部局中人的收益。类似地，协调性 (coordination)[58] 要求不论结构联盟内部如何变化，只要它的对外表现不变，则其内部局中人的收益不变。

公理 4.28 协调性：对任意的 $\{(N,u,\mathcal{C}),(N,v,\mathcal{C})\} \subseteq \mathcal{GC}^N$ 及 $C \in \mathcal{C}$，若任取 $\mathcal{C}' \subseteq \mathcal{C}$ 及 $T \subseteq C$，都有

$$u\left(\bigcup_{C' \in \mathcal{C}'} C \cup T\right) = v\left(\bigcup_{C' \in \mathcal{C}'} C \cup T\right)$$

则对任意的 $i \in C$，都有

$$\psi_i(N,u,\mathcal{C}) = \psi_i(N,v,\mathcal{C})$$

为了利用协调性来刻画 Owen 值，下面还需无效均衡贡献性在联盟结构情境下的一个变体及一条指定一致联盟结构合作博弈收益向量的公理。

公理 4.29 联盟内无效均衡贡献性 (intra-coalitional balanced contributions)：对任意 $(N,v,\mathcal{C}) \in \mathcal{GC}^N$ 及 $\{i,j\} \subseteq C \in \mathcal{C}$，有

$$\psi_i(N,v,\mathcal{C}) - \psi_i(N,v^{-j},\mathcal{C}) = \psi_j(N,v,\mathcal{C}) - \psi_j(N,v^{-i},\mathcal{C})$$

公理 4.30 全局一致联盟结构合作博弈反比例性 (inverse proportional sharing in unanimity games)：对任意的全局一致联盟结构合作博弈 $(N,u_N,\mathcal{C}) \in \mathcal{GC}^N$，结构联盟 $\{C,C'\} \subseteq \mathcal{C}$，局中人 $i \in C$ 及 $j \in C'$，有

$$|C|\psi_i(N,v,\mathcal{C}) = |C'|\psi_j(N,v,\mathcal{C})$$

给定同结构联盟中的一对局中人，联盟内无效均衡贡献性要求其中一个无效化对另一个收益的影响相同。全局一致联盟结构合作博弈反比例性则要求在全局一致联盟结构合作博弈中，位于不同结构联盟中局中人的收益与其所在结构联盟的势 (即局中人个数) 成反比。

定理 4.23 Owen 值是 $\mathcal{GC}$ 上唯一同时满足有效性、可加性、无效局中人零贡献性①、协调性、全局一致联盟结构合作博弈反比例性及如下两组性质之一的值[58]：

① 仅要求一次去掉一个无效的结构联盟，即其中任意局中人都为无效局中人的结构联盟。

(1) 联盟内均衡贡献性；

(2) 联盟内无效均衡贡献性和联盟内对称性。

4.5　Owen 值和 Shapley 值的解析关系

联盟结构要求局中人在结盟后知道全体局中人间的结盟情况。但在结盟前，局中人则只能对各种联盟结构出现的概率进行预测。由于 Shapley 值和 Owen 值都是局中人边际贡献的平均值，如果给定联盟结构集上一恰当的概率分布，则 Shapley 值与 Owen 值在这一概率分布下的期望均值间存在一定的解析关系。

定义 4.14　任取合作博弈 $(N,v)\in\mathcal{G}$ 及 $\mathcal{C}^N$ 上的概率分布 p，局中人 $i\in N$ 在 p 下的联盟期望收益[138]

$$\mathrm{Ow}_i(N,v,p)=\sum_{\mathcal{C}\in\mathcal{C}^N}p(\mathcal{C})\mathrm{Ow}_i(N,v,\mathcal{C})$$

定义 4.15　对任意的 $\{\mathcal{C},\mathcal{C}'\}\subseteq\mathcal{C}^N$，若存在 $\pi\in\Omega(N)$，使得[138]

$$\mathcal{C}'=\pi(\mathcal{C})$$

则称 $\mathcal{C}$ 与 $\mathcal{C}'$ 相似 (similar)。称 $\mathcal{C}^N$ 中所有与 $\mathcal{C}$ 相似的联盟结构组成的集合为 $\mathcal{C}^N$ 上的一个相似类，记为 $\mathcal{S}(\mathcal{C})$。

若两个联盟结构相似，则将其中一个联盟结构中局中人的名字做一些调整，即得到另一个联盟结构。

定义 4.16　若 $\mathcal{C}^N$ 上的概率分布 p 满足对任意的 $\mathcal{C}\in\mathcal{C}^N$ 及 $\mathcal{C}'\in\mathcal{S}(\mathcal{C})$，都有 $p(\mathcal{C})=p(\mathcal{C}')$，则称 p 为 $\mathcal{C}^N$ 上的对称 (symmetric) 概率分布[138,139]。

对称概率分布赋予相似联盟结构相同的概率。

在对称概率分布下，联盟期望收益等价于 Shapley 值。

定理 4.24　对任意的 $(N,v)\in\mathcal{G}$，若 p 是 $\mathcal{C}^N$ 上的对称概率分布，则[138]

$$\mathrm{Sh}(N,v)=\mathrm{Ow}(N,v,p)$$

作为一类特殊的对称概率分布，p 可赋予一个相似类中的联盟结构相等的非零概率，而赋予其他联盟结构零概率。此时，联盟期望收益即相似类中 Owen 值的平均值，它刚好等于原合作博弈的 Shapley 值。

推论 4.1　对任意的 $(N,v)\in\mathcal{G}^N$ 及 $\mathcal{C}\in\mathcal{C}^N$，都有[139]

$$\mathrm{Sh}_i(N,v)=\frac{\sum_{\mathcal{C}'\in\mathcal{S}(\mathcal{C})}\mathrm{Ow}_i(N,v,\mathcal{C}')}{|\mathcal{S}(\mathcal{C})|}$$

4.6 联盟结构合作博弈的类 Owen 值

4.6.1 联盟结构合作博弈的 Banzhaf-Owen 值

1. Banzhaf-Owen 值的定义

Shapley 值和 Banzhaf 值都是局中人边际贡献的平均值。它们的区别仅在于求平均的方式不同: Shapley 值对所有的局中人置换求平均，Banzhaf 值对所有的局中人联盟求平均。通过保留 Shapley 值的“边际贡献平均”这一思想，Owen[122] 利用关于联盟结构一致的置换将 Shapley 值扩展到了联盟结构情境，从而得到了 Owen 值。类似地，Owen[140] 也将 Banzhaf 值扩展到了联盟结构情境，从而得到了 Banzhaf-Owen 值。

定义 4.17 对任意的 $(N,v,\mathcal{C}) \in \mathcal{GC}$ 及 $i \in N$，i 在 $(N,v,\mathcal{C})$ 中的 Banzhaf-Owen 值[140]

$$\begin{aligned}\mathrm{BO}_i(N,v,\mathcal{C}) = &\sum_{\mathcal{C}' \subseteq \mathcal{C} \setminus C(i)} \sum_{T \subseteq C(i) \setminus i} \frac{1}{2^{|\mathcal{C}|-1}} \frac{1}{2^{|C(i)|-1}} \\ &\cdot \left(v\left(\bigcup_{C \in \mathcal{C}'} C \cup T \cup i \right) - v\left(\bigcup_{C \in \mathcal{C}'} C \cup T \right) \right)\end{aligned}$$

当 $\mathcal{C}$ 为平凡联盟结构时，Banzhaf-Owen 值等价于 Banzhaf 值。

除了定义 4.17，Banzhaf-Owen 值也可利用与 Owen 值类似的两步分配过程来定义。在这一框架下，Owen 值和 Banzhaf-Owen 值的差别仅在于每一步是利用 Shapley 值还是 Banzhaf 值。

定义 4.18 对任意的 $(N,v,\mathcal{C}) \in \mathcal{GC}$，$C \in \mathcal{C}$ 上的 Ba-内部合作博弈是一合作博弈 (C, v_C)，其中对任意的 $S \subseteq C$，有[140]

$$v_C(S) = \mathrm{Ba}_S\big(\mathcal{C}_{|N \setminus (C \setminus S)}, v^{\mathcal{C}}\big)$$

定义 4.18 与定义 4.7 的区别在于等号右端的值。定义 4.18 利用 Banzhaf 值，定义 4.7 则利用 Shapley 值。

假设 $C \setminus S$ 中的局中人退出全局联盟 N，且 S 取代 C 在联盟结构 $\mathcal{C}$ 中的位置。于是，由 $(N,v,\mathcal{C})$ 可导出一个新的商合作博弈，其中 S 的收益即为它在 Ba-内部合作博弈中的价值。因而，Ba-内部合作博弈描述了 S 相对于其补集 $C \setminus S$ 的“势”。显然，当 $\mathcal{C}$ 为平凡联盟结构时，Ba-内部合作博弈与原合作博弈等价。

局中人在 Ba-内部合作博弈中的 Banzhaf 值即为其 Banzhaf-Owen 值。

定理 4.25　对任意的 $(N,v,\mathcal{C}) \in \mathcal{GC}$ 及 $i \in N$，都有[140]

$$\mathrm{BO}_i(N,v,\mathcal{C}) = \mathrm{Ba}_i\big(C(i), v_{C(i)}\big)$$

其中，$\big(C(i), v_{C(i)}\big)$ 代表 Ba-内部合作博弈。

定理 4.25 显示 Banzhaf-Owen 值的边际贡献描述与其两阶段描述一致，因而该性质称为 Banzhaf-Owen 值的一致性。

Banzhaf-Owen 值也等价于一特殊合作博弈的 Banzhaf 值。其中，$\mathcal{C}\setminus C$ 中的结构联盟及 C 中的局中人充当局中人。

定理 4.26　对任意的 $(N,v,\mathcal{C}) \in \mathcal{GC}$ 及 $i \in C \in \mathcal{C}$，都有[141,142]

$$\mathrm{BO}_i(N,v,\mathcal{C}) = \mathrm{Ba}_i\big(\mathcal{C}\setminus\{C\}\cup C, v^{\mathcal{C}\setminus\{C\}\cup C}\big) \tag{4.8}$$

其中，对任意的 $S \subseteq \mathcal{C}\setminus\{C\}\cup C$，若 $S=\mathcal{C}'\cup S'$，$\mathcal{C}'\subseteq\mathcal{C}\setminus\{C\}$，$S'\subseteq C$，则

$$v^{\mathcal{C}\setminus\{C\}\cup C}(S) = v\left(\bigcup_{C\in\mathcal{C}'} C \bigcup S'\right)$$

Alonso-Meijide 等[141] 将式 (4.8) 中的 Banzhaf 值换成了 Shapley 值，由此构造了一个新的联盟结构合作博弈值。

2. Banzhaf-Owen 值的公理化刻画

1) 代理合作博弈

类似于 Haller[104] 的研究，Amer 等[143] 利用代理合作博弈来刻画 Banzhaf-Owen 值。

公理 4.31　代理中性 (delegation neutrality)：对任意的联盟结构合作博弈 $(N,v,\mathcal{C}) \in \mathcal{GC}^N$，$\{i,j\} \subseteq C \in \mathcal{C}$ 及 $k \in N\setminus C$，有

$$\psi_k(N,v,\mathcal{C}) = \psi_k(N,v_{ij},\mathcal{C})$$

其中，(N,v_{ij}) 表示 (N,v) 上的 ij-代理合作博弈，具体定义见定义 3.15。

代理中性要求结构联盟内部的代理动作不影响结构联盟外部局中人的收益。

公理 4.32　代理转移性 (delegation transfer)：对任意的联盟结构合作博弈 $(N,v,\mathcal{C}) \in \mathcal{GC}^N$ 及 $\{i,j\} \subseteq C \in \mathcal{C}$，有

$$\psi_i(N,v_{ij},\mathcal{C}) = \psi_i(N,v,\mathcal{C}) + \psi_j(N,v,\mathcal{C})$$

与同意代理性不同，代理转移性要求两个局中人的收益和与代理局中人在代理合作博弈中的收益相等。由于所考虑的值不一定满足无效性，故而代理转移性的要求比同意代理性要强。

Amer 等[143] 利用代理中性、代理转移性及一些常见公理的变体刻画了 Banzhaf-Owen 值。

公理 4.33 多无效性 (many null players property)：对任意的 $(N,v,\mathcal{C})\in\mathcal{GC}^N$，若任意 $C\in\mathcal{C}$ 中至多有一个非无效局中人，则

$$\psi(N,v,\mathcal{C})=\psi(N,v,\underline{N})$$

多无效性要求各结构联盟中的局中人大部分为无效局中人时 (最多有一个为非无效局中人)，联盟结构的存在不影响收益分配过程。

定理 4.27 Banzhaf-Owen 值是 $\mathcal{GC}^N$ 上唯一同时满足可加性、哑元性、联盟内对称性、代理中性、代理转移性及多无效性的值[143]。

2) 有效性

2-有效性要求合并两个局中人不影响其收益和。对应地，联盟内 2-有效性[131] 要求合并同结构联盟中的两个局中人不影响其收益和。

公理 4.34 联盟内 2-有效性 (neutrality for amalgamated players)：对任意的 $(N,v,\mathcal{C})\in\mathcal{GC}$ 及 $\{i,j\}\subseteq C\in\mathcal{C}$，有

$$\psi_i(N,v,\mathcal{C})+\psi_j(N,v,\mathcal{C})=\psi_k(N\setminus\{i,j\}\cup p,v_p,\mathcal{C})$$

其中，$(N\setminus\{i,j\}\cup p,v_p,\mathcal{C})$ 表示在 $(N,v,\mathcal{C})$ 中将 i 和 j 合并成 p 后形成的新联盟结构合作博弈，v_p 的定义则如式 (3.6) 所示。

联盟内 2-有效性与外部联盟合并无关性类似，都关注合并同结构联盟内两个局中人的后果。然而，联盟内 2-有效性关注合并前后这两个局中人收益的变化，要求合并前的收益和与合并后的收益相等。外部联盟合并无关性则关注合并动作对结构联盟外部局中人收益的影响，要求这一影响为 0。

将定理 4.8 的有效性换成联盟内 2-有效性、最细联盟结构 Shapley 值等价性换成最细联盟结构 Banzhaf 值等价性[131] 即可刻画 Banzhaf-Owen 值。

公理 4.35 最细联盟结构 Banzhaf 值等价性：对任意的 $(N,v)\in\mathcal{G}^N$，都有

$$\psi(N,v,\underline{N})=\mathrm{Ba}(N,v)$$

定理 4.28 Banzhaf-Owen 值是 $\mathcal{GC}$ 上唯一同时满足联盟内 2-有效性、外部联盟合并无关性、最细联盟结构 Banzhaf 值等价性及联盟内均衡贡献性的值[131]。

定理 4.28 的联盟内均衡贡献性可换成联盟内分裂均衡贡献性。

定理 4.29 Banzhaf-Owen 值是 $\mathcal{GC}$ 上唯一同时满足联盟内 2-有效性、外部联盟合并无关性、最细联盟结构 Banzhaf 值等价性及联盟内分裂均衡贡献性的值[133]。

定理 4.28 的外部联盟合并无关性还可替换成 1-商合作博弈性 (1-quotient game)[131]。它是商合作博弈性的特例，要求结构联盟为单元素集时，其内部局中人的收益与该结构联盟在商合作博弈中的收益相等。

公理 4.36 1-商合作博弈性：对任意的 $(N,v,\mathcal{C})\in\mathcal{GC}^N$ 及 $C\in\mathcal{C}$，若 $C=\{i\}$，则

$$\psi_i(N,v,\mathcal{C})=\psi_C(\mathcal{C},v^{\mathcal{C}},\underline{\mathcal{C}})$$

定理 4.30 Banzhaf-Owen 值是 $\mathcal{GC}$ 上唯一同时满足联盟内 2-有效性、1- 商合作博弈性、最细联盟结构 Banzhaf 值等价性及联盟内均衡贡献性的值[131]。

将定理 4.29 及定理 4.30 的最细联盟结构 Banzhaf 值等价性换成联盟结构等价性，并增加单元素集有效性也可刻画 Banzhaf-Owen 值。

定理 4.31 Banzhaf-Owen 值是 $\mathcal{GC}$ 上唯一同时满足单人联盟结构合作博弈有效性、联盟内 2-有效性、1-商合作博弈性/外部联盟合并无关性、联盟结构等价性及联盟内均衡贡献性的值[131]。

3) 联盟分裂无关性

联盟内 2-有效性要求合并同结构联盟中的两个局中人不影响他们的收益。对应地，联盟分裂无关性 (neutrality under individual desertion)[101] 则要求局中人离开所在结构联盟 (但仍留在全局联盟中) 不影响该结构联盟中其他局中人的收益。

公理 4.37 联盟分裂无关性：对任意的 $(N,v,\mathcal{C})\in\mathcal{GC}^N$ 及 $\{i,j\}\subseteq C\in\mathcal{C}$，有

$$\psi_i(N,v,\mathcal{C})=\psi_i(N,v,\mathcal{C}_{-j})$$

其中，$\mathcal{C}_{-j}$ 是式 (4.4) 的特殊情况，表示 j 离开 $C(i)$ 单干后形成的新联盟结构，即

$$\mathcal{C}_{-j}=\left\{\mathcal{C}\setminus C, C\setminus j,\{j\}\right\}$$

定理 4.32 Banzhaf-Owen 值是 $\mathcal{GC}^N$ 上唯一同时满足联盟分裂无关性、1-商合作博弈性及最细联盟结构 Banzhaf 值等价性的值[101]。

Alonso-Meijide 等[141] 利用联盟分裂无关性的一个变体及外部联盟合并无关性来刻画 Banzhaf-Owen 值。

公理 4.38 部分联盟结构等价性 (indifference for P^S unions)：对任意的联盟结构合作博弈 $(N,v,\mathcal{C})\in\mathcal{GC}^N$，若 $\mathcal{C}=\left\{S,\{i\}_{i\in N\setminus S}\right\}$，则对任意的 $i\in S$，都有

$$\psi_i(N,v,\mathcal{C})=\psi_i(N,v,\underline{N})$$

部分联盟结构等价性要求当联盟结构由一个集合与单元素集组成时，集合中局中人的收益与其在最细联盟结构中的收益相等。它可视为联盟分裂无关性的一个变体。

定理 4.33 Banzhaf-Owen 值是 $\mathcal{GC}^N$ 上唯一同时满足部分联盟结构等价性、外部联盟合并无关性及最细联盟结构 Banzhaf 值等价性的值[141]。

4.6.2 联盟结构合作博弈的对称联盟 Banzhaf 值

1. 对称联盟 Banzhaf 值的定义

在 Banzhaf-Owen 值的两步描述中，每一步都以 Banzhaf 值为分配方法。由于 Banzhaf 值不满足有效性，因而 Banzhaf-Owen 值不满足商合作博弈性及联盟间对称性。为避免这一问题，Alonso-Meijide 和 Fiestras-Janeiro[144] 在第二步利用 Shapley 值取代了 Banzhaf 值，从而得到了联盟结构合作博弈的对称联盟 Banzhaf 值。

2. 对称联盟 Banzhaf 值的公理化刻画

定理 4.34 对称联盟 Banzhaf 值是 $\mathcal{GC}^N$ 上唯一同时满足联盟内分裂均衡贡献性、最细联盟结构 Banzhaf 值等价性及商合作博弈性的值[144]。

4.6.3 联盟结构合作博弈的 Shapley-团结值

1. Shapley-团结值的定义

Owen 值在两步分配过程中每一步都利用 Shapley 值。Banzhaf-Owen 值则在每一步都利用 Banzhaf 值。由于 Shapley 值和 Banzhaf 值都基于边际贡献，故而 Owen 值和 Banzhaf-Owen 值都满足无效性。换句话说，不论无效局中人是否加入结构联盟，他们的收益都为 0。显然，在这种情况下，无效局中人并没有加入结构联盟的动机。为解决这一问题，Calvo 和 Gutiérrez[93] 提出了 Shapley-团结值 (Shapley-solidarity value)。它利用与 Owen 值类似的两步分配过程来分配全局联盟价值，但在第一步和第二步依次利用 Shapley 值和团结值。由于团结值会赋予无效局中人非零收益，因此 Shapley-团结值增强了无效局中人加入结构联盟的动机。

定义 4.19 对任意的联盟结构合作博弈 $(N,v,\mathcal{C})\in\mathcal{GC}$ 及局中人 $i\in N$，i 在 $(N,v,\mathcal{C})$ 中的 Shapley-团结值[93]

$$\mathrm{Ss}_i(N,v,\mathcal{C})=\mathrm{So}_i\big(C(i),v_{C(i)}\big)$$

其中，$\big(C(i),v_{(C(i))}\big)$ 代表 Sh-内部合作博弈。

由于 Shapley 值和团结值都有边际贡献描述，Shapley-团结值也存在相应的边际贡献描述。

定理 4.35 对任意的 $(N,v,\mathcal{C})\in\mathcal{GC}$ 及 $i\in N$，都有[93]

$$\begin{aligned}&\mathrm{Ss}_i(N,v,\mathcal{C})\\&=\frac{1}{|\Omega(\mathcal{C})|}\sum_{\pi\in\Omega(\mathcal{C})}\sum_{j\in C(i):\pi(j)\geqslant\pi(i)}\frac{1}{|C(i)\cap P_j^{\pi}|+1}\big(v(P_j^{\pi}\cup j)-v(P_j^{\pi})\big)\end{aligned}\tag{4.9}$$

在关于联盟结构一致的置换中，Shapley-团结值赋予各局中人其同结构联盟中后继局中人对置换边际贡献的“部分”平均值。这里的“部分”体现为平均算子仅作用于与当前局中人同结构联盟的前驱。

类似于式 (4.2)，式 (4.9) 也可化简为如下形式。

定理 4.36 对任意的 $(N,v,\mathcal{C})\in\mathcal{GC}$ 及 $i\in N$，都有[145]

$$\begin{aligned}&\mathrm{Ss}_i(N,v,\mathcal{C})\\&=\sum_{\mathcal{C}'\subseteq\mathcal{C}\setminus C(i)}\sum_{T\subseteq C(i):T\ni i}\frac{|\mathcal{C}'|!(|\mathcal{C}|-|\mathcal{C}'|-1)!}{|\mathcal{C}|!}\cdot\frac{(t-1)!\big(|C(i)|-t\big)!}{|C(i)|!}\\&\quad\cdot\frac{1}{t}\sum_{j\in T}\left(v\left(\bigcup_{C\in\mathcal{C}'}C\cup T\right)-v\left(\bigcup_{C\in\mathcal{C}'}C\cup T\setminus j\right)\right)\end{aligned}$$

2. Shapley-团结值的公理化刻画

1) 无效局中人

Owen 值在两步分配过程中都利用 Shapley 值，故而满足无效性。对应地，Shapley-团结值在两步分配过程中依次利用 Shapley 值及团结值，故而它既不满足无效性，也不满足 A-无效性。然而，它满足无效性与 A-无效性之间的折中。

定义 4.20 对任意的 $(N,v,\mathcal{C})\in\mathcal{GC}$ 及 $i\in N$，若任取 $\mathcal{C}'\subseteq\mathcal{C}\setminus C(i)$ 及包含 i 的联盟 $S\subseteq C(i)$，都有[145]

$$\frac{1}{s}\sum_{j\in S\cup i}\left(v\left(\bigcup_{C\in\mathcal{C}'}C\bigcup S\right)-v\left(\bigcup_{C\in\mathcal{C}'}C\bigcup S\setminus j\right)\right)=0$$

则称 i 是 $(N,v,\mathcal{C})$ 的偏 A-无效局中人 (partial A-null player)。

偏 A-无效局中人对其所在结构联盟子集的偏平均边际贡献为 0。由于平均算子仅作用于结构联盟的子集，而没有作用于该结构联盟的前驱，因而这一平均边际贡献称为偏平均边际贡献。显然，当 $\mathcal{C}=\overline{N}$ 时，偏 A-无效局中人退化为无效局中人。当 $\mathcal{C}=\underline{N}$ 时，偏 A-无效局中人退化为 A-无效局中人。

公理4.39 偏 A-无效性 (partial A-null player property)：对任意的 $(N,v,\mathcal{C})\in\mathcal{GC}^N$，若 $i\in N$ 是其偏 A-无效局中人，则 $\psi_i(N,v,\mathcal{C})=0$。

偏 A-无效性要求偏 A-无效局中人获得零收益。显然，当 $\mathcal{C}=\overline{N}$ 时，偏 A-无效性退化为无效性。当 $\mathcal{C}=\underline{N}$ 时，偏 A-无效性退化为 A-无效性。

定理 4.37 Shapley-团结值是 $\mathcal{GC}^N$ 上唯一同时满足有效性、可加性、联盟间对称性、联盟内对称性及偏 A-无效性的值[145]。

2) 缩减合作博弈一致性

Shapley-团结值不满足一般化的 HM-缩减联盟结构合作博弈一致性，但满足它在结构联盟上的特殊情况。

公理 4.40 联盟 HM-缩减联盟结构合作博弈一致性：对任意的 $(N,v,\mathcal{C})\in\mathcal{GC}$，$C\in\mathcal{C}$ 及 $i\in C$，有

$$\psi_i(N,v,\mathcal{C})=\psi_i(C,v_C^{\psi},\underline{C})$$

其中，$(C,v_C^{\psi},\underline{C})$ 代表 HM-缩减联盟结构合作博弈。

为了利用联盟 HM-缩减联盟结构合作博弈一致性来刻画 Shapley-团结值，还需要 A-无效性在联盟结构情境下的一个变体。

公理 4.41 最粗联盟结构 A-无效性 (A-null player axiom in B^N)：对任意的 $(N,v)\in\mathcal{G}^N$，若 $i\in N$ 是其 A-无效局中人，则 $\psi_i(N,v,\overline{N})=0$。

在最粗联盟结构情境下，Shapley-团结值等价于团结值。因此它应满足最粗联盟结构 A-无效性。

定理 4.38 Shapley-团结值是 $\mathcal{GC}$ 上唯一同时满足有效性、可加性、联盟间对称性、联盟无效性、联盟内对称性、联盟 HM-缩减联盟结构合作博弈一致性及最粗联盟结构 A-无效性的值[93]。

将定理 4.38 的最粗联盟结构 A-无效性替换成最粗联盟结构无效性 (null player axiom in B^N)[93] 即可刻画 Owen 值。

公理 4.42 最粗联盟结构无效性：对任意的 $(N,v)\in\mathcal{G}^N$，若 $i\in N$ 是其无效局中人，则 $\psi_i(N,v,\overline{N})=0$。

在最粗联盟结构情境下，Owen 值等价于 Shapley 值。因此它应满足最粗联盟结构无效性。

定理 4.39 Owen 值是 $\mathcal{GC}$ 上唯一同时满足有效性、可加性、联盟间对称性、联盟无效性、联盟内对称性、联盟 HM-缩减联盟结构合作博弈一致性及最粗联盟结构无效性的值[93]。

3) 均衡贡献性

由于 Shapley-团结值利用 Shapley 值在结构联盟间分配全局联盟价值，故而它满足联盟间均衡贡献性。另外，由于它利用团结值在同结构联盟的局中人间分配结构联盟收益，因此它满足平均均衡贡献性的如下变体。

公理 4.43　联盟内平均均衡贡献性 (intra-coalitional equal averaged gains)：对任意的 $(N,v,\mathcal{C})\in\mathcal{GC}$ 及 $\{i,j\}\subseteq C\in\mathcal{C}$，有

$$\frac{1}{|C|}\sum_{k\in C}\big(\varphi_i(N,v,\mathcal{C})-\varphi_i(N\setminus k,v,\mathcal{C})\big)$$
$$=\frac{1}{|C|}\sum_{k\in C}\big(\varphi_j(N,v,\mathcal{C})-\varphi_j(N\setminus k,v,\mathcal{C})\big)$$

给定一对同结构联盟中的局中人，联盟内平均均衡贡献性要求该结构联盟中所有局中人离开全局联盟对他们收益影响的平均值相同。

定理 4.40　Shapley-团结值是 $\mathcal{GC}$ 上唯一同时满足有效性、联盟间均衡贡献性及联盟内平均均衡贡献性的值[95]。

4.6.4　联盟结构合作博弈的比例值

Huettner[132] 将比例值扩展到了联盟结构正合作博弈，由此得到了联盟结构合作博弈的比例值 (简称联盟比例值)。

1. 联盟比例值的定义

定义 4.21　对任意的 $(N,v,\mathcal{C})\in\mathcal{GC}$，若任取 $S\in 2^N\setminus\varnothing$，都有 $v(S)>0$，则称 $(N,v,\mathcal{C})$ 为正联盟结构合作博弈[118]。记正联盟结构合作博弈的全体为 $\mathcal{GC}_+$。

正联盟结构合作博弈中任意非空联盟的价值都为正数。

定义 4.22　任取 $\mathcal{GC}_+$ 上的单值解 ψ，若对任意的 $(N,v,\mathcal{C})\in\mathcal{GC}_+$ 及 $i\in N$，都有 $\psi_i(N,v,\mathcal{C})>0$，则称 ψ 为 $\mathcal{GC}_+$ 上的正值[118]。

正值赋予任意正联盟结构合作博弈中的任意局中人正收益。

联盟比例值利用与 Owen 值类似的两步分配过程在局中人间分配全局联盟价值。然而，与 Owen 值每一步都利用 Shapley 值的做法不同，联盟比例值每一步都利用比例值。

定义 4.23　对任意的 $(N,v,\mathcal{C})\in\mathcal{GC}_+$ 及 $C\in\mathcal{C}$，C 上的 P-内部合作博弈是一合作博弈 (C,v_C)[132]，其中对任意的 $S\subseteq C$，有

$$v_C(S)=P_S\left(\mathcal{C}_{|N\setminus(C\setminus S)},v^{\mathcal{C}}\right)$$

其中，$\left(\mathcal{C}_{|N\setminus(C\setminus S)},v^{\mathcal{C}}\right)$ 表示商合作博弈 $(\mathcal{C},v^{\mathcal{C}})$ 在 $N\setminus(C\setminus S)$ 上的限制。

定义 4.24　对任意的 $(N,v,\mathcal{C})\in\mathcal{GC}_+$ 及 $i\in N$，i 在 $(N,v,\mathcal{C})\in\mathcal{GC}_+$ 中的联盟比例值[132]

$$P_i(N,v,\mathcal{C})=P_i\big(C(i),v_{C(i)}\big)$$

其中，$\big(C(i),v_{C(i)}\big)$ 表示 P-内部合作博弈。

显然，当 $\mathcal{C}$ 为平凡联盟结构时，联盟比例值等价于比例值。

2. 联盟比例值的公理化刻画

1) 均衡相对贡献性

Huettner[132] 将均衡相对贡献性扩展到了正联盟结构合作博弈，并由此得到了联盟比例值的一个公理化刻画。

公理 4.44 联盟内均衡相对贡献性 (internal preservation of ratios property)：$\mathcal{GC}_+$ 上的正值 ψ 满足联盟内均衡相对贡献性当且仅当对任意的 $(N, v, \mathcal{C}) \in \mathcal{GC}_+$ 及 $\{i, j\} \subseteq C(i) \in \mathcal{C}$，都有

$$\frac{\psi_i(N, v, \mathcal{C})}{\psi_i(N \setminus j, v, \mathcal{C})} = \frac{\psi_j(N, v, \mathcal{C})}{\psi_j(N \setminus i, v, \mathcal{C})}$$

联盟内均衡贡献性要求同结构联盟中的一对局中人彼此对对方收益的贡献相等，其中贡献用一方退出全局联盟后另一方收益的改变量来衡量。对应地，联盟内均衡相对贡献性则要求同结构联盟中的一对局中人彼此对对方收益的相对贡献相等，其中相对贡献用一方退出全局联盟前后另一方收益的比值来衡量。

定理 4.41 联盟比例值是 $\mathcal{GC}_+$ 上唯一同时满足有效性、商合作博弈性及联盟内均衡相对贡献性的正值[132]。

2) 缩减合作博弈一致性

尽管联盟比例值和 Owen 值在形式上明显不同，但是它们都满足 HM-缩减联盟结构合作博弈一致性。因此，它们间的区别在于对应的二人合作博弈分配方案。

公理 4.45 联盟二人比例性 (two-player games proportionality)：对任意的 $(N, v) \in \mathcal{G}_+$，若 $n = 2$，则对任意的 $i \in N$，都有

$$\psi_i(N, v, \overline{N}) = \frac{v(i)}{v(i) + v(j)} v(N)$$

定理 4.42 联盟比例值是 $\mathcal{GC}_+$ 上唯一同时满足联盟二人比例性、商合作博弈性及 HM-缩减联盟结构合作博弈一致性①的正值[132]。

① 注意定理 4.42 中 HM-缩减联盟结构合作博弈仍需为正联盟结构合作博弈。

第 5 章　联盟结构合作博弈的其他单值解

5.1　联盟结构合作博弈的两步 Shapley 值

5.1.1　两步 Shapley 值的定义

在合作博弈中，联盟价值意味着联盟自成一体时所能创造的价值。于是，在联盟结构合作博弈中，结构联盟的集结收益应包含两部分：自身价值及通过参与更大联盟而获得的额外收益 (净收益)。由于来源不同，在将集结收益分给结构联盟的直接下属时，对这两部分应采用不同的处理方式。

(1) 联盟价值来源于其直接下属间的分工合作，在分配时各直接下属会因贡献不同而具备不同的谈判能力。对这一部分的分配应注重效率，考虑其下属的边际贡献，由此 Shapley 值是一种比较合适的分配方法。

(2) 净收益来源于联盟的所有直接下属作为一个整体参与更大联盟，因而对这一部分的分配应注重公平，由此均分值是一种比较好的分配方法。

两步 Shapley 值 (two-step Shapley value)[146] 分别利用 Shapley 值和均分值分配结构联盟价值与结构联盟净收益，是一种比较合理的分配方法。

定义 5.1　对任意的 $(N,v,\mathcal{C})\in\mathcal{GC}$ 及 $i\in N$，i 在 $(N,v,\mathcal{C})$ 中的两步 Shapley 值

$$\mathrm{TS}_i(N,v,\mathcal{C})=\mathrm{Sh}_i\big(C(i),v\big)+\frac{\mathrm{Sh}_{C(i)}(\mathcal{C},v^{\mathcal{C}})-v\big(C(i)\big)}{|C(i)|}$$

尽管两步 Shapley 值采用与 Owen 值类似的两步分配过程，但这两种值有显著不同。具体表现为两步 Shapley 值在将结构联盟的集结收益分配给其直接下属时，无须构造内部合作博弈，仅需考虑原合作博弈在结构联盟上的限制。由此，两步 Shapley 值的计算过程比 Owen 值简单。另外，两步 Shapley 值也有“类”边际贡献描述。

对任意的 $(N,v,\mathcal{C})\in\mathcal{GC}$，$i\in N$ 及 $\pi\in\Omega(\mathcal{C})$，定义 i 对 π 的拟边际贡献 $m_i^{\pi}(N,v,\mathcal{C})$ 如下：

$$m_i^{\pi}(N,v,\mathcal{C})$$

$$
= \begin{cases} v\big(P_i^\pi \cap C(i) \cup i\big) - v\big(P_i^\pi \cap C(i)\big), & P_i^\pi \cap C(i) \neq C(i) \setminus i \\ v\big(P_i^\pi \cap C(i) \cup i\big) - v\big(P_i^\pi \cap C(i)\big) & \\ \quad + v\big(P_i^\pi \cup C(i)\big) - v\big(P_i^\pi \setminus C(i)\big) - v\big(C(i)\big), & P_i^\pi \cap C(i) = C(i) \setminus i \end{cases}
$$

在置换 $\pi \in \Omega(\mathcal{C})$ 中，如果 i 不是 $C(i)$ 中的最后一个局中人，则其拟边际贡献为他对 $C(i)$ 中其前驱集的边际贡献；否则，其拟边际贡献还包括二人合作博弈 $(\{P_i^\pi \setminus C(i), C(i)\}, v)$ 中全局联盟价值的剩余，即 $v\big(P_i^\pi \cup C(i)\big) - v\big(P_i^\pi \setminus C(i)\big) - v\big(C(i)\big)$。另外，注意到分段函数第二段中 $v\big(P_i^\pi \cap C(i) \cup i\big)$ 与 $v\big(C(i)\big)$ 相等，从而可据此对该段进行简化。

定理 5.1 对任意的 $(N, v, \mathcal{C}) \in \mathcal{GC}$ 及 $i \in N$，都有[146]

$$
\mathrm{TS}_i(N, v, \mathcal{C}) = \frac{1}{|\Omega(\mathcal{C})|} \sum_{\pi \in \Omega(\mathcal{C})} m_i^\pi(N, v, \mathcal{C})
$$

除了“类”边际贡献描述，两步 Shapley 值还等价于一个特殊合作博弈的加权 Shapley 值[18,19]。

定义 5.2 任取 $(N, v, \mathcal{C}) \in \mathcal{GC}$，其联盟限制合作博弈 (coalition restricted game) 是一合作博弈 $(N, v^{\mathcal{C}})$，其中对任意的 $S \subseteq N$，有[146]

$$
v^{\mathcal{C}}(S) = v\left(\cup\{C \in \mathcal{C} | C \subseteq S\}\right) + \sum_{C \in \mathcal{C}: C \subsetneqq S} v(C \cap S)
$$

联盟限制合作博弈假设只有在联盟结构中“地位对等”的机构间可随意结盟，进而创造整体价值，而地位不对等的机构间的结盟关系则受到限制。具体地：

(1) 同结构联盟中的局中人地位对等，因而可随意结盟；

(2) 结构联盟间地位对等，因而可随意结盟；

(3) 不同结构联盟中的局中人地位“不可比较”，因而不能结盟；

(4) 部分结构联盟地位居于局中人与结构联盟之间，不能与其他结构联盟中的局中人及结构联盟结盟；

(5) 两个部分结构联盟间地位“不可比较”，因而不能结盟。

定理 5.2 对任意的 $(N, v, \mathcal{C}) \in \mathcal{GC}$，都有[146]

$$
\mathrm{TS}(N, v, \mathcal{C}) = \mathrm{Sh}^\omega(N, v^{\mathcal{C}})
$$

其中，Sh^ω 代表加权 Shapley 值；$\omega \in \mathbb{R}^N$，对任意的 $i \in N$，$\omega_i = \dfrac{1}{|C(i)|}$。

5.1.2 两步 Shapley 值的公理化刻画

1. 无效性

由于两步 Shapley 值用均分值分配结构联盟的净收益，因而它不满足一般化的无效性。然而，当结构联盟的净收益为 0 时，无效性成立。

公理 5.1 联盟无效性 (coalitional null player property)：对任意的 $(N, v, \mathcal{C}) \in \mathcal{GC}^N$，若

(1) $C(i) \in \mathcal{C}$ 在商合作博弈 $(\mathcal{C}, v^{\mathcal{C}})$ 中是哑局中人；

(2) i 在 (N, v) 中是无效局中人；

则 $\psi_i(N, v, \mathcal{C}) = 0$。

两步 Shapley 值利用 Shapley 值在结构联盟间分配全局联盟价值，Shapley 值满足哑元性，因此商合作博弈中哑局中人收益等于自身价值。当所考虑的联盟结构合作博弈值满足商合作博弈性时，结构联盟的净收益为 0。此时局中人的收益完全由其所在结构联盟的价值决定。两步 Shapley 值利用 Shapley 值来分配结构联盟价值。Shapley 值满足无效性。因此此时无效局中人收益为 0。

公理 5.2 受限联盟内对称性 (internal equity)：对任意的 $(N, v, \mathcal{C}) \in \mathcal{GC}^N$，若 $\{i, j\} \subseteq C(i) \in \mathcal{C}$ 在限制合作博弈 $\big(C(i), v\big)$ 中对称，则

$$\psi_i(N, v, \mathcal{C}) = \psi_j(N, v, \mathcal{C})$$

受限联盟内对称性要求结构联盟内部的对称局中人收益相同。两步 Shapley 值赋予局中人的收益包含两个部分：限制合作博弈中的 Shapley 值及所在结构联盟净收益的平均值。由于 Shapley 值满足对称性，因此两步 Shapley 值满足受限联盟内对称性。显然，受限联盟内对称性蕴含联盟内对称性。

定理 5.3 两步 Shapley 值是 $\mathcal{GC}^N$ 上唯一同时满足有效性、可加性、联盟间对称性、受限联盟内对称性及联盟无效性的值[146]。

2. 团结性

联盟内均衡贡献性关注同结构联盟中两个局中人对对方收益的贡献，要求彼此对对方的这一贡献相等。类似地，联盟内人口团结性 (population solidarity within unions)[147] 关注结构联盟外部局中人对内部局中人收益的贡献，要求对应于结构联盟内部所有局中人的这一贡献都相等。

公理 5.3 联盟内人口团结性：对任意的 $(N, v, \mathcal{C}) \in \mathcal{GC}$，$\{i, j\} \subseteq C(i) \in \mathcal{C}$ 及 $k \in N \setminus C(i)$，都有

$$\psi_i(N, v, \mathcal{C}) - \psi_i(N \setminus k, v, \mathcal{C}) = \psi_j(N, v, \mathcal{C}) - \psi_j(N \setminus k, v, \mathcal{C})$$

定理 5.4 两步 Shapley 值是 $\mathcal{GC}$ 上唯一同时满足有效性、可加性、联盟间对称性、联盟无效性、联盟结构等价性及联盟内人口团结性的值[147]。

在定理 5.4 中，有效性、可加性、联盟间对称性及联盟无效性仅用于确定结构联盟的集结收益 (即商合作博弈的 Shapley 值)，因此它们可换成有效性及联盟间均衡贡献性 (或其他 Shapley 值的公理化刻画)。

定理 5.5 两步 Shapley 值是 $\mathcal{GC}$ 上唯一同时满足有效性、联盟间均衡贡献性及联盟内人口团结性的值[147]。

定理 5.5 的联盟间均衡贡献性和联盟内人口团结性还可替换成如下公理。

公理 5.4 集结均衡贡献性 (aggregate balanced contributions)：对任意的 $(N,v,\mathcal{C})\in\mathcal{GC}$，若 $|\mathcal{C}|\geqslant 2$，则对所有的 $\{C,C'\}\subseteq\mathcal{C}$，$i\in C$ 及 $j\in C'$，都有[147]

$$|C|\big(\psi_i(N,v,\mathcal{C})-\psi_i(N\setminus C',v,\mathcal{C})\big)=|C'|\big(\psi_j(N,v,\mathcal{C})-\psi_j(N\setminus C,v,\mathcal{C})\big)$$

5.2 联盟结构合作博弈的集体值

5.2.1 集体值的定义

两步 Shapley 值利用 Shapley 值在结构联盟间分配全局联盟价值，在此过程中没有考虑结构联盟的规模。与此相对，集体值 (collective value) 利用加权 Shapley 值在结构联盟间分配全局联盟价值，其中各结构联盟的权重即为其规模。

定义 5.3 对任意的 $(N,v,\mathcal{C})\in\mathcal{GC}$ 及 $i\in N$，i 在 $(N,v,\mathcal{C})$ 中的集体值[148]

$$\mathrm{Co}_i(N,v,\mathcal{C})=\mathrm{Sh}_i\big(C(i),v\big)+\frac{\mathrm{Sh}^{\omega}_{C(i)}(\mathcal{C},v^{\mathcal{C}})-v\big(C(i)\big)}{|C(i)|}$$

其中，$\omega\in\mathbb{R}^{\mathcal{C}}$，对任意的 $C\in\mathcal{C}$，$\omega_C=|C|$。

与两步 Shapley 值利用 Shapley 值在结构联盟间分配全局联盟价值的做法不同，集体值利用加权 Shapley 值，且其中各结构联盟的权重即为其自身规模。由于在第一步分配过程中考虑了结构联盟规模，因而集体值比两步 Shapley 值更加合理。不仅如此，集体值还等价于联盟限制合作博弈的 Shapley 值。相较于两步 Shapley 值等价于联盟限制合作博弈的加权 Shapley 值，集体值的计算过程更加简单方便。

定理 5.6 对任意的 $(N,v,\mathcal{C})\in\mathcal{GC}$，都有[148]

$$\mathrm{Co}(N,v,\mathcal{C})=\mathrm{Sh}(N,v^{\mathcal{C}})$$

5.2.2 集体值的公理化刻画

Kamijo[148] 提出了集体均衡贡献性 (collective balanced contributions) 公理来刻画集体值。不同于联盟间均衡贡献性及联盟内均衡贡献性，集体均衡贡献性关注结构联盟对局中人收益的贡献。假设有一结构联盟退出全局联盟，则其他结构联盟中局中人的收益会受到影响，这一影响可以视作退出的结构联盟对局中人收益的贡献。集体均衡贡献性要求任意两个结构联盟对对方内部局中人收益的贡献相同。

公理 5.5 集体均衡贡献性：对任意的 $(N, v, \mathcal{C}) \in \mathcal{GC}$，$i \in N$ 及 $j \in N \setminus C(i)$，有

$$\psi_i(N, v, \mathcal{C}) - \psi_i(N \setminus C(j), v, \mathcal{C}) = \psi_j(N, v, \mathcal{C}) - \psi_j(N \setminus C(i), v, \mathcal{C})$$

定理 5.7 集体值是 $\mathcal{GC}$ 上唯一同时满足有效性、集体均衡贡献性及最细联盟结构 Shapley 值等价性/联盟结构等价性的值[148]。

由于有效性及最细联盟结构均衡贡献性①蕴含最细联盟结构 Shapley 值等价性，因此最细联盟结构 Shapley 值等价性可替换成最细联盟结构均衡贡献性[148]。

公理 5.6 最细联盟结构均衡贡献性：对任意的 $(N, v) \in \mathcal{G}$ 及 $\{i, j\} \subseteq N$，有

$$\psi_i(N, v, \underline{N}) - \psi_i(N \setminus j, v, \underline{N}) = \psi_j(N, v, \underline{N}) - \psi_j(N \setminus i, v, \underline{N})$$

5.3 联盟结构合作博弈的 τ 值

Casas-Méndez 等[149] 将 τ 值扩展到了联盟结构合作博弈，由此得到了联盟结构合作博弈的 τ 值，简称联盟 τ 值。

5.3.1 联盟 τ 值的定义

由于 τ 值是局中人最大及最小潜在收益之间满足有效性的折中，为了定义联盟 τ 值，需要先定义联盟结构情境下局中人的最大及最小潜在收益。

定义 5.4 对任意 $(N, v, \mathcal{C}) \in \mathcal{GC}$ 及 $i \in N$，i 在 $(N, v, \mathcal{C})$ 中的最大潜在收益[149]

$$M_i(N, v, \mathcal{C}) = M_{C(i)}(\mathcal{C}, v^{\mathcal{C}}) - M_{C(i)_{|N \setminus i}}(\mathcal{C}_{|N \setminus i}, v^{\mathcal{C}}) = v(N) - v(N \setminus i)$$

局中人 i 的最大潜在收益代表他对 $C(i)$ 最大潜在收益的边际贡献。

定义 5.5 对任意的 $(N, v, \mathcal{C}) \in \mathcal{GC}$ 及 $i \in N$，i 在 $(N, v, \mathcal{C})$ 中的最小潜在收益[149]

$$m_i(N, v, \mathcal{C}) = \max_{S \in \mathcal{A}(N): i \in S} \left\{ v(S) - \sum_{j \in S \setminus i} M_j(N, v, \mathcal{C}) \right\}$$

① Kamijo[148] 称其为均衡贡献性 (balanced contributions)。

其中，

$$\mathcal{A}(N)=\left\{\bigcup_{C\in\mathcal{C}'}C\cup T \mid \mathcal{C}'\subseteq\mathcal{C}\setminus C(i), T\subseteq C(i)\right\}$$

假设局中人 i 背叛其所在结构联盟 $C(i)$ 中的结盟关系，而选择与两类特殊的局中人合作，并支付给其盟友最大潜在收益，将剩下部分留给自己的情况下，所能得到的收益即为其最小潜在收益。具体地，这两类特殊局中人如下：

(1) 其他结构联盟中的局中人；

(2) 与其同结构联盟中的局中人。

定义 5.6 对任意的 $(N,v,\mathcal{C})\in\mathcal{GC}$ 及 $i\in N$，i 在 $(N,v,\mathcal{C})$ 中的联盟 τ 值[149]

$$\tau_i(N,v,\mathcal{C})=m_i(N,v,\mathcal{C})+\alpha\big(M_i(N,v,\mathcal{C})-m_i(N,v,\mathcal{C})\big)$$

其中，$\alpha\in[0,1]$，$\sum_{j\in N}\tau_j(N,v,\mathcal{C})=v(N)$。

联盟 τ 值是局中人最大及最小潜在收益之间的折中。显然，最大及最小潜在收益之间潜在的折中点很多。联盟 τ 值选择了满足有效性的折中点。进一步，联盟 τ 值需定义在满足如下三个条件的联盟结构合作博弈上：

(1) $(\mathcal{C},v^{\mathcal{C}})$ 是拟均衡合作博弈；

(2) $m(N,v,\mathcal{C})\leqslant M(N,v,\mathcal{C})$；

(3) 对任意的 $i\in N$，有

$$\sum_{j\in C(i)}m_j(N,v,\mathcal{C})\leqslant\tau_{C(i)}(\mathcal{C},v^{\mathcal{C}})\leqslant\sum_{j\in N}M_j(N,v,\mathcal{C})$$

条件 (1) 要求商合作博弈是拟均衡合作博弈。因此，商合作博弈的 τ 值才有定义。条件 (2) 要求任意局中人的最小潜在收益不大于其最大潜在收益。从个体的角度来看，这是折中的前提。进一步，条件 (3) 要求结构联盟收益位于其内部所有局中人的最大潜在收益之和及最小潜在收益之和之间。从群体的角度看，这是满足有效性的必然要求。称同时满足这三个条件的联盟结构合作博弈为拟均衡联盟结构合作博弈。

下面给出一大类拟均衡联盟结构合作博弈。为此需要合作博弈的核心 (core) 概念。核心是合作博弈最重要的集合解之一。$(N,v)\in\mathcal{G}$ 的核心是如下集合：

$$\mathcal{C}(N,v)=\left\{x\in\mathbb{R}^N\,\middle|\,\sum_{i\in N}x_i=v(N),\text{对任意的}S\subseteq N,\sum_{i\in S}x_i\geqslant v(S)\right\}$$

定理 5.8 对任意的 $(N,v,\mathcal{C})\in\mathcal{GC}$，若[149]：

(1) (N, v) 的核心 $\mathcal{C}(N, v) \neq \varnothing$；

(2) 对任意的 $S \subseteq N$，都有 $x \in \mathcal{C}(N, v)$，使得 $\sum_{i \in S} x_i = v(S)$；
则 $(N, v, \mathcal{C})$ 是拟均衡联盟结构合作博弈。

5.3.2 联盟 τ 值的公理化刻画

Casas-Méndez 等[149] 扩展了 Tijs[116] 关于 τ 值的公理化刻画，由此得到了联盟 τ 值的一个公理化刻画。

公理 5.7 联盟最小潜在收益性 (covariance)：对任意的联盟结构合作博弈 $(N, v, \mathcal{C}) \in \mathcal{GC}^N$，都有

$$\varphi(N, v, \mathcal{C}) = \varphi\big(N, v - m(N, v, \mathcal{C}), \mathcal{C}\big) + m(N, v, \mathcal{C})$$

公理 5.8 联盟受限比例性 (M-proportionality)：对任意的 $(N, v, \mathcal{C}) \in \mathcal{GC}^N$，若

$$m(N, v, \mathcal{C}) = 0$$

则 $\varphi(N, v, \mathcal{C})$ 与 $M(N, v, \mathcal{C})$ 成比例。

联盟最小潜在收益性及联盟受限比例性分别是经典合作博弈值相应公理在联盟结构情境下的修正。

定理 5.9 联盟 τ 值是拟均衡联盟结构合作博弈类上唯一同时满足有效性、商合作博弈性、联盟最小潜在收益性及联盟受限比例性的值[149]。

第 6 章　层次结构合作博弈的 Winter 值

6.1　概　　述

合作博弈对局中人间的结盟关系不做任何限制，这在许多情况下与现实情形不符。为解决这一问题，Aumann 和 Drèze[121] 提出了联盟结构概念。它将局中人集分成若干个不相交的结构联盟，结构联盟内部的局中人可随意结盟，不同结构联盟及其部分间的结盟情况则受到限制。将联盟结构引入合作博弈，就得到了联盟结构合作博弈。

联盟结构的形成有多种原因，如地理位置、行政级别、宗教信仰等的限制，或局中人间亲疏关系的不同而对其结盟关系产生的限制等。这些限制不仅可以作用于局中人，还可以作用于结构联盟，即它们应该可以导致多层的联盟结构产生，其中上层联盟结构对其直接下层联盟结构中结构联盟间的结盟关系施加限制。这种多层的联盟结构就是由 Winter[150] 提出的层次结构 (level structure)。它广泛存在于企业、政府部门等的组织结构中，具有广阔的应用前景。

通俗地说，层次结构是局中人集的一个划分 (partition) 序列，其中后一层划分比前一层粗糙。体现在数学关系上，后一层划分中每个分块都是前一层划分中若干分块的并。约定在层次结构中，最前层划分中每个分块只包含一个单独的局中人，最后层划分中所有局中人组成唯一分块。如果将层次结构用图来表示，那么它将是一棵树 (联通无圈图)，其根节点对应最后层划分 (唯一分块)，叶节点对应最前层划分 (每个局中人构成一个分块)。因此，本书有时用某一划分的上层划分来表示在层次结构的数学描述中其后层的划分，用最顶/底层划分表示层次结构的数学描述中最后/前层的划分。将层次结构概念引入合作博弈后，就得到了层次结构合作博弈。

层次结构对合作博弈的解有显著影响。在收益分配过程中，各结构联盟可充当“压力群体”。例如，一所大学的全体教师所形成的一个很自然的层次结构如下：最底层为单个的教师，倒数第二层为以系为单位形成的教师联盟，倒数第三层为以学院为单位形成的教师联盟，最顶层则为整个学校的全体教师所形成的教师联盟。如果要在全体教师间分配一笔钱 (如绩效)，那么一个很自然的分配过程如下：首先将这笔钱分配给各个学院，然后各个学院将其所得分配给各个系，最后各个系将其所得分配给其所属教师。特殊地，层数为 3 的层次结构退化为联盟结构，对应的层次结构合作博弈则退化为联盟结构合作博弈；层数为 2 的层次结构退化为对局中人间合作关系不做任何限制的情形，对应的层次结构合作博弈则退化为合作博弈。

Winter[150] 提出了层次结构合作博弈的第一种单值解，即 Winter 值。在层次结构层数为 3 和 2 时，Winter 值分别退化为联盟结构合作博弈的 Owen 值和合作博弈的 Shapley 值。作为层次结构合作博弈的第一种单值解，Winter 值在文献史上的地位举足轻重，本章将对其进行比较系统的研究。

6.2 层次结构合作博弈基本概念

定义 6.1 有限集 N 上的层次结构是 N 上的联盟结构序列，即

$$\mathcal{L} = \{\mathcal{C}_0, \mathcal{C}_1, \cdots, \mathcal{C}_k, \mathcal{C}_{k+1}\}$$

是 N 上的层次结构当且仅当：

(1) $\mathcal{C}_0, \mathcal{C}_1, \cdots, \mathcal{C}_k, \mathcal{C}_{k+1}$ 是 N 上的联盟结构；

(2) $\mathcal{C}_0 = \big\{\{1\}, \{2\}, \cdots, \{n\}\big\}$，$\mathcal{C}_{k+1} = \{N\}$；

(3) 对任意的 $l \in \{1, 2, \cdots, k+1\}$ 及 $S_t^l \in \mathcal{C}_l$，都存在 $\hat{\mathcal{C}}_{l-1} \subseteq \mathcal{C}_{l-1}$，使得

$$S_t^l = \bigcup_{S_{t'}^{l-1} \in \hat{\mathcal{C}}_{l-1}} S_{t'}^{l-1}$$

称：

(1) $\mathcal{C}_l$ 为 $\mathcal{L}$ 的第 l 层 (level)；

(2) k 为 $\mathcal{L}$ 的阶数 (degree)，即阶数为 k 的层次结构有 $k+2$ 层；

(3) 阶数为 0 的层次结构为平凡层次结构 (trivial level structure)。

记：

(1) $\mathcal{C}_l \in \mathcal{L}$ 中包含 $i \in N$ 的结构联盟为 $S_{i_l}^l$；

(2) $S_t^{l+1} \in \mathcal{C}_{l+1} \in \mathcal{L}$ 的直接下属集为 $\lfloor S_t^{l+1} \rfloor$，即

$$\lfloor S_t^{l+1} \rfloor = \{S_{t'}^l \in \mathcal{C}_l \in \mathcal{L} \mid S_{t'}^l \subseteq S_t^{l+1}\}$$

(3) N 上层次结构的全体为 $\mathcal{L}^N$。

N 上的层次结构要求第 $l+1$ 层中的结构联盟是第 l 层中若干个结构联盟的并，它描述了这样一种合作情形：若干局中人先组织成小结构联盟，小结构联盟又组织成更大但更粗糙的结构联盟，直至所有局中人形成一个全局联盟。第 l 层中的结构联盟 S_t^l 是第 $l+1$ 层中某一结构联盟 $S_{t'}^{l+1}$ 的一部分。S_t^l 内部的局中人间关系最亲密，他们与 $S_{t'}^{l+1} \setminus S_t^l$ 中局中人的关系次之，与 $S_{t''}^{l+1} \in \mathcal{C}_{l+1} \setminus S_{t'}^{l+1}$ 中局中人的关系则比较疏远。

例 6.1 $N=\{1,2,3,4\}$ 上的一个二阶层次结构 $\mathcal{L}=\{\mathcal{C}_0,\mathcal{C}_1,\mathcal{C}_2,\mathcal{C}_3\}$:

(1) $\mathcal{C}_0=\big\{\{1\},\{2\},\{3\},\{4\}\big\}$;

(2) $\mathcal{C}_1=\big\{\{1\},\{2,3\},\{4\}\big\}$;

(3) $\mathcal{C}_2=\big\{\{1\},\{2,3,4\}\big\}$;

(4) $\mathcal{C}_3=\big\{\{1,2,3,4\}\big\}$。

定义 6.2 有限集 N 上的层次结构合作博弈 (cooperative game with a level structure) 是一有序三元组 $(N,v,\mathcal{L})$,其中:

(1) $(N,v)\in\mathcal{G}^N$ 是一合作博弈;

(2) $\mathcal{L}\in\mathcal{L}^N$ 是一层次结构。

记 N 上层次结构合作博弈的全体为 $\mathcal{GL}^N$ (固定 N),记层次结构合作博弈的全体为 $\mathcal{GL}$ (可变 N)。

定义 6.3 任取 $\mathcal{GL}_0\subseteq\mathcal{GL}(\mathcal{GL}^N)$。$\mathcal{GL}_0$ 上的值是一映射

$$\gamma:\mathcal{GL}_0\to\mathbb{R}^N$$

$$(N,v,\mathcal{L})\in\mathcal{GL}_0\to\gamma(N,v,\mathcal{L})\in\mathbb{R}^N$$

其中,对任意的 $i\in N$,$\gamma_i(N,v,\mathcal{L})$ 代表用值 γ 在局中人集 N 间分配全局联盟的价值 $v(N)$ 时 i 的收益。

定义 6.4 任取 $(N,v,\mathcal{L})\in\mathcal{GL}$ 及 $\mathcal{C}_l\in\mathcal{L}$,$\mathcal{C}_l$ 上的商合作博弈 $(\mathcal{C}_l,v^l)$ 定义如下:对任意的 $\hat{\mathcal{C}}_l\subseteq\mathcal{C}_l$,有

$$v^l(\hat{\mathcal{C}}_l)=v\left(\bigcup_{S_t^l\in\hat{\mathcal{C}}_l}S_t^l\right)$$

商合作博弈 $(\mathcal{C}_l,v^l)$ 是将 $\mathcal{C}_l$ 中的结构联盟当成局中人而由 (N,v) 导出的合作博弈。易知,$(\mathcal{C}_0,v^0)=(N,v)$。

定义 6.5 $\mathcal{L}\in\mathcal{L}^N$ 的第 $l(0\leqslant l\leqslant k)$ 层截断 (truncation) $\mathcal{L}^l$ 是一阶数为 $k-l$ 的层次结构,即

(1) $\mathcal{L}^l=\{\mathcal{C}_0^l,\mathcal{C}_1^l,\cdots,\mathcal{C}_{k-l+1}^l\}$;

(2) $\mathcal{C}_0^l=\{S_t^l\mid S_t^l\in\mathcal{C}_l\}$;

(3) $\mathcal{C}_{l'}^l=\big\{\{S_t^l\in\mathcal{C}_0^l\mid S_t^l\subseteq S_{t'}^{l+l'}\}\mid S_{t'}^{l+l'}\in\mathcal{C}_{l+l'}\big\}$,$l'=1,2,\cdots,k-l+1$。

$\mathcal{L}^l$ 就是在 $\mathcal{L}$ 中去掉 $\mathcal{C}_l$ 之前的部分,并将 $\mathcal{C}_l$ 中的结构联盟当成局中人而形成的被"截断"的层次结构。易知 $\mathcal{L}^0=\mathcal{L}$。

例 6.2 考虑例 6.1 中的层次结构。其第一层截断 $\mathcal{L}^1=\{\mathcal{C}_0^1,\mathcal{C}_1^1,\mathcal{C}_2^1\}$ 如下:

(1) $\mathcal{C}_0^1=\big\{\{1\},\{2,3\},\{4\}\big\}$;

(2) $\mathcal{C}_1^1 = \Big\{\{1\}, \{\{2,3\}, \{4\}\}\Big\}$；

(3) $\mathcal{C}_2^1 = \Big\{\{\{1\}, \{2,3\}, \{4\}\}\Big\}$。

定义 6.6 对任意的 $(N, v, \mathcal{L}) \in \mathcal{GL}$，其第 $l(0 \leqslant l \leqslant k)$ 层截断层次结构合作博弈 $(\mathcal{C}_l, v^l, \mathcal{L}^l)$ 定义如下：

(1) $(\mathcal{C}_l, v^l)$ 为 $(N, v, \mathcal{L})$ 的第 l 层商合作博弈；

(2) $\mathcal{L}^l$ 为 $\mathcal{L}$ 的第 l 层截断。

易知 $(\mathcal{C}_0, v^0, \mathcal{L}^0) = (N, v, \mathcal{L})$。

6.3 Winter 值的三种描述与计算方法

6.2 节简要回顾了层次结构合作博弈单值解的基本概念，本节将在此基础上对层次结构合作博弈的 Winter 值进行深入研究。与 Winter 值的三种描述在文献史上出现的顺序不同 (联盟式 → 分配式 → 简化联盟式)，本节将从分配式 → 联盟式 → 简化联盟式的角度引入 Winter 值。于是，这三种描述的等价性得到了证明。此外，这种引入方式使得 Winter 值的商合作博弈性这一重要性质不证自明。最后，本节还将给出 Winter 值简化联盟式描述的详细计算过程。

6.3.1 Winter 值的分配式描述

公理 6.1 有效性：对任意的 $(N, v, \mathcal{L}) \in \mathcal{GL}^N$，有

$$\sum_{i \in N} \gamma_i(N, v, \mathcal{L}) = v(N)$$

公理 6.2 可加性：对任意的 $\{(N, u, \mathcal{L}), (N, v, \mathcal{L})\} \subseteq \mathcal{GL}^N$，有

$$\gamma(N, u+v, \mathcal{L}) = \gamma(N, u, \mathcal{L}) + \gamma(N, v, \mathcal{L})$$

公理 6.3 结构联盟对称性：对任意的 $(N, v, \mathcal{L}) \in \mathcal{GL}^N$，若 $\{S_{t_1}^l, S_{t_2}^l\} \subseteq \mathcal{C}_l$ 包含于同一个直接上级结构联盟，且是商合作博弈 $(\mathcal{C}_l, v^l)$ 的对称局中人，则

$$\sum_{i \in S_{t_1}^l} \gamma_i(N, v, \mathcal{L}) = \sum_{i \in S_{t_2}^l} \gamma_i(N, v, \mathcal{L})$$

公理 6.4 无效性：对任意的 $(N, v, \mathcal{L}) \in \mathcal{GL}^N$，若 i 是 (N, v) 的无效局中人，则

$$\gamma_i(N, v, \mathcal{L}) = 0$$

定义 6.7 $\mathcal{GL}$ 上的值 γ 等价于 Winter 值当且仅当它同时满足有效性、可加性、结构联盟对称性和无效性。

有效性、可加性和无效性都是经典合作博弈及联盟结构合作博弈理论中相应公理在层次结构合作博弈中的修正。结构联盟对称性要求两个在层次结构及特征函数中地位均对等的结构联盟拥有相同的集结收益。结构联盟在层次结构中地位对等，是指它们处于层次结构的同一层，且隶属于同一个直接上级。结构联盟在特征函数中地位对等，则是指他们是对称局中人。显然，结构联盟对称性包含联盟间对称性及联盟内对称性。

文献 [150] 中定理 1 证明的后半部分 (唯一性) 为引入 Winter 值提供了分配式这一新的角度。

定理 6.1 $\mathcal{GL}$ 上的 Winter 值是唯一的。

证明： 任取 $(N,v,\mathcal{L})\in\mathcal{GL}$，下证定义 6.7 中的四条公理唯一确定了其上的一收益分配向量 $\gamma(N,v,\mathcal{L})$。由可加性，这一任务可简化成证明对任意的 $E\in 2^N\setminus\varnothing$，定义 6.7 中的四条公理唯一确定了 $\gamma(N,c_Eu_E,\mathcal{L})$。取定 $E\in 2^N\setminus\varnothing$。

首先，依结构联盟与 E 的关系，$\mathcal{C}_{k+1}=\{N\}$ 可分成以下不相交的子集：

$$\lfloor N\rfloor_1=\{S_t^k\in\mathcal{C}_k\mid S_t^k\cap E\neq\varnothing\},$$

$$\lfloor N\rfloor_2=\{S_t^k\in\mathcal{C}_k\mid S_t^k\cap E=\varnothing\}$$

由于 $\lfloor N\rfloor_2$ 中结构联盟内的局中人均为 (N,c_Eu_E) 的无效局中人，故由无效性可得

$$\gamma_i(N,c_Eu_E,\mathcal{L})=0,\quad \text{若 } i\in\cup\{S_t^k\in\mathcal{C}_k\mid S_t^k\in\lfloor N\rfloor_2\}$$

其次，由于 $\lfloor N\rfloor_1$ 中的结构联盟都是商合作博弈 $\left(\mathcal{C}_k,(c_Eu_E)^k\right)$ 的对称局中人，故由结构联盟对称性可知

$$\sum_{i\in S_{t_1}^k}\gamma_i(N,c_Eu_E,\mathcal{L})=\sum_{i\in S_{t_2}^k}\gamma_i(N,c_Eu_E,\mathcal{L}),\quad \text{若 } \{S_{t_1}^k,S_{t_2}^k\}\subseteq\lfloor N\rfloor_1$$

于是，由有效性可得

$$\sum_{i\in S_t^k}\gamma_i(N,c_Eu_E,\mathcal{L})=\begin{cases}c_E/|\lfloor N\rfloor_1|, & S_t^k\in\lfloor N\rfloor_1\\ 0, & S_t^k\in\lfloor N\rfloor_2\end{cases}$$

然后，对任意的 $l\in\{0,1,\cdots,k\}$ 及 $S_t^{l+1}\in\mathcal{C}_{l+1}$，假设 S_t^{l+1} 的集结收益已知。则依据结构联盟与 E 的关系，$\lfloor S_t^{l+1}\rfloor$ 可被分为以下两个不相交的子集：

$$\lfloor S_t^{l+1}\rfloor_1=\{S_{t'}^l\in\mathcal{C}_l\mid S_{t'}^l\subseteq S_t^{l+1},S_{t'}^l\cap E\neq\varnothing\},$$

$$\lfloor S_t^{l+1}\rfloor_2=\{S_{t'}^l\in\mathcal{C}_l\mid S_{t'}^l\subseteq S_t^{l+1},S_{t'}^l\cap E=\varnothing\}$$

由于 $\lfloor S_t^{l+1} \rfloor_2$ 中结构联盟内的局中人均为 $(N, c_E u_E)$ 的无效局中人，由无效性可知

$$\gamma_i(N, c_E u_E, \mathcal{L}) = 0, \quad i \in \cup\{S_{t'}^l \in \mathcal{C}_l \mid S_{t'}^l \in \lfloor S_t^{l+1} \rfloor_2\}$$

最后，由于 $\lfloor S_t^{l+1} \rfloor_1$ 中的结构联盟都是商合作博弈 $(\mathcal{C}_l, (c_E u_E)^l)$ 的对称局中人，故由结构联盟对称性可知

$$\sum_{i \in S_{t_1}^l} \gamma_i(N, c_E u_E, \mathcal{L}) = \sum_{i \in S_{t_2}^l} \gamma_i(N, c_E u_E, \mathcal{L}), \quad \{S_{t_1}^l, S_{t_2}^l\} \subseteq \lfloor S_t^{l+1} \rfloor_1$$

于是，由有效性可得

$$\sum_{i \in S_{t'}^l} \gamma_i(N, c_E u_E, \mathcal{L}) = \begin{cases} \sum\limits_{i \in S_t^{l+1}} \gamma_i(N, c_E u_E, \mathcal{L}) / |\lfloor S_t^{l+1} \rfloor_1| &, \quad S_{t'}^l \in \lfloor S_t^{l+1} \rfloor_1 \\ 0 &, \quad S_{t'}^l \in \lfloor S_t^{l+1} \rfloor_2 \end{cases}$$

由于 S_t^{l+1} 的集结收益已知，从而 $S_{t'}^l$ 的集结收益已知。特殊地，由于当 $l = 0$ 时，$\mathcal{C}_l$ 中的结构联盟都是单个局中人，从而 $\gamma(N, c_E u_E, \mathcal{L})$ 被唯一确定。 □

定理 6.1 的证明过程提供了一种求 Winter 值的算法。

算法 6.1 (1) 任取 $i \in N$ 及包含 i 的 $T \subseteq N$，对所有 $l = 0, 1, 2, \cdots, k$，计算

$$K_T^l(i) = |\{S_t^l \in \mathcal{C}_l \mid S_t^l \subseteq S_{i_{l+1}}^{l+1} \text{且} S_t^l \cap T \neq \varnothing\}|$$

(2) 计算 $\mathrm{Wi}_i(N, c_T u_T, \mathcal{L})$：

$$\mathrm{Wi}_i(N, c_T u_T, \mathcal{L}) = \begin{cases} \dfrac{c_T}{\prod\limits_{l=0}^{k} K_T^l(i)} &, \quad i \in T \\ 0 &, \quad i \notin T \end{cases}$$

其中，c_T 为 Harsanyi 红利，可由式 (1.1) 来计算。

(3) 固定 i，对所有包含 i 的联盟 $T \subseteq N$ 重复步骤 (1) 和 (2)，得

$$\mathrm{Wi}_i(N, v, \mathcal{L}) = \sum_{T \subseteq N : i \in T} \frac{c_T}{\prod\limits_{l=0}^{k} K_T^l(i)} \tag{6.1}$$

(4) 对所有的 $i \in N$，重复步骤 (1)、(2) 和 (3)，计算出 Winter 值的所有分量。

式 (6.1) 称作 Winter 值的分配式描述。尽管用其来计算 Winter 值不太简便，但是其推导过程揭示了 Winter 值的商合作博弈性 (quotient game property)。

推论 6.1 (商合作博弈性) 对任意的 $(N, v, \mathcal{L}) \in \mathcal{GL}^N$ 及 $S_t^l \in \mathcal{C}_l$，都有

$$\sum_{i \in S_t^l} \mathrm{Wi}_i(N, v, \mathcal{L}) = \mathrm{Wi}_{S_t^l}(\mathcal{C}_l, v^l, \mathcal{L}^l)$$

6.3.2 Winter 值的联盟式描述

分配式描述不利于 Winter 值的计算。本节将给出 Winter 值的联盟式描述，用其来计算 Winter 值相较于分配式简单。

类似于联盟结构，层次结构也可对局中人置换施加限制。关于 $\mathcal{L}\in\mathcal{L}^N$ 一致的置换集 $\Omega(\mathcal{L})$ 保证任意 $S_t^l\in\mathcal{C}_l$ 中的局中人经过置换之后位置仍然连续。具体地，$\Omega(\mathcal{L})$ 需通过如下迭代过程来构造：

(1) $\Omega_{k+1}=\Omega(N)$；

(2) 对任意的 $l\in\{0,1,\cdots,k\}$，有

$$\begin{aligned}\Omega_l=\{\pi\in\Omega_{l+1}\mid\ &\text{对任意的}\{i,j\}\subseteq S_t^l\in\mathcal{C}_l\text{及}l\in N,\\ &\text{若}\,\pi(i)<\pi(l)<\pi(j),\text{则}l\in S_t^l\}\end{aligned}$$

(3) $\Omega(\mathcal{L})=\Omega_1=\Omega_0$。

例 6.3 考虑例 6.1 中的层次结构 $\mathcal{L}$，求其一致置换 $\Omega(\mathcal{L})$ 的过程如下：

(1) $\Omega_3=\Omega(N)$；

(2) $\Omega_2=\big\{(1234),(1243),(1324),(1342),(1423),(1432),(2341),(2431),(3241),(3421),(4231),(4321)\big\}$；

(3) $\Omega_1=\big\{(1234),(1324),(1423),(1432),(2341),(3241),(4231),(4321)\big\}$；

(4) $\Omega(\mathcal{L})=\Omega_0=\Omega_1=\big\{(1234),(1324),(1423),(1432),(2341),(3241),(4231),(4321)\big\}$。

Winter 值等于局中人在所有关于层次结构一致的置换集中边际贡献的平均值。

定理 6.2 对任意的 $(N,v,\mathcal{L})\in\mathcal{GL}$ 及 $i\in N$，有

$$\mathrm{Wi}_i(N,v,\mathcal{L})=\frac{1}{|\Omega(\mathcal{L})|}\sum_{\pi\in\Omega(\mathcal{L})}\big(v(P_i^\pi\cup i)-v(P_i^\pi)\big)\tag{6.2}$$

证明： 令 γ 为 $\mathcal{GL}$ 上的值，对任意的 $(N,v,\mathcal{L})\in\mathcal{GL}$ 及 $i\in N$，其定义如式 (6.2) 等号右端所示。则由定理 6.1，下面只需证 γ 满足定义 6.7 中的四条公理。

首先，由 γ 的定义，它满足可加性和无效性。

其次，由 γ 的定义，

$$\begin{aligned}\sum_{i\in N}\gamma_i(N,v,\mathcal{L})&=\sum_{i\in N}\frac{1}{|\Omega(\mathcal{L})|}\sum_{\pi\in\Omega(\mathcal{L})}\big(v(P_i^\pi\cup i)-v(P_i^\pi)\big)\\&=\frac{1}{|\Omega(\mathcal{L})|}\sum_{\pi\in\Omega(\mathcal{L})}\sum_{i\in N}\big(v(P_i^\pi\cup i)-v(P_i^\pi)\big)\end{aligned}$$

$$
\begin{aligned}
&= \frac{1}{|\Omega(\mathcal{L})|} \sum_{\pi\in\Omega(\mathcal{L})} v(N) \\
&= v(N)
\end{aligned}
$$

从而 γ 满足有效性。

最后，对任意 $l \in \{0, 1, \cdots, k\}$，任取 $\{S_{t_1}^l, S_{t_2}^l\} \subseteq \mathcal{C}_l$ 满足结构联盟对称性的条件，即他们包含于同一个直接上层结构联盟，且是商合作博弈 $(\mathcal{C}_l, v^l)$ 的对称局中人。则

$$
\begin{aligned}
\sum_{i\in S_{t_1}^l} \gamma_i(N, v, \mathcal{L}) &= \sum_{i\in S_{t_1}^l} \frac{1}{|\Omega(\mathcal{L})|} \sum_{\pi\in\Omega(\mathcal{L})} \big(v(P_i^\pi \cup i) - v(P_i^\pi)\big) \\
&= \frac{1}{|\Omega(\mathcal{L})|} \sum_{\pi\in\Omega(\mathcal{L})} \sum_{i\in S_{t_1}^l} \big(v(P_i^\pi \cup i) - v(P_i^\pi)\big) \\
&= \frac{1}{|\Omega(\mathcal{L})|} \sum_{\pi\in\Omega(\mathcal{L})} \big(v(P_{S_{t_1}^l}^\pi \cup S_{t_1}^l) - v(P_{S_{t_1}^l}^\pi)\big) \\
&= \frac{1}{|\Omega(\mathcal{L})|} \sum_{\pi\in\Omega(\mathcal{L})} \big(v(P_{S_{t_2}^l}^\pi \cup S_{t_2}^l) - v(P_{S_{t_2}^l}^\pi)\big) \\
&= \sum_{i\in S_{t_2}^l} \gamma_i(N, v, \mathcal{L})
\end{aligned}
$$

其中，$P_{S_t^l}^\pi$ 表示置换 $\pi \in \Omega(\mathcal{L})$ 中排在结构联盟 S_t^l 之前的局中人集合；第四个等号成立则是因为 $S_{t_1}^l$ 和 $S_{t_2}^l$ 是商合作博弈 $(\mathcal{C}_l, v^l)$ 的对称局中人。至此，γ 满足结构联盟对称性。　□

式 (6.2) 称为 Winter 值的联盟式描述，用其来计算 Winter 值较分配式描述简单。

例 6.4　考虑层次结构合作博弈 $(N, v, \mathcal{L})$，其中：

(1) N 及 $\mathcal{L}$ 如例 6.1 所示；

(2) v 定义如下：

$$
v(S) = \begin{cases} 0, S = \varnothing \\ 3, S = 1 \\ 4, S = 2 \\ 6, S = 3 \\ 7, S = N \end{cases}
$$

下面将利用式 (6.2) 求出各局中人的 Winter 值。由例 6.3，有

$$\Omega(\mathcal{L})=\{(1234),(1324),(1423),(1432),(2341),(3241),(4231),(4321)\}$$

由式 (6.2)，有

(1) $\mathrm{Wi}_1(N,v,\mathcal{L}\}$
$=\dfrac{1}{8}\times[3+3+3+3+(7-6)+(7-6)+(7-6)+(7-6)]=2$；

(2) $\mathrm{Wi}_2(N,v,\mathcal{L}\}$
$=\dfrac{1}{8}\times[(4-3)+(6-4)+(6-4)+(7-6)+3+(4-3)+(4-3)+(6-4)]$
$=\dfrac{13}{8}$；

(3) $\mathrm{Wi}_3(N,v,\mathcal{L}\}$
$=\dfrac{1}{8}\times[(6-4)+(4-3)+(7-6)+(6-4)+(4-3)+3+(6-4)+(4-3)]$
$=\dfrac{13}{8}$；

(4) $\mathrm{Wi}_4(N,v,\mathcal{L}\}$
$=\dfrac{1}{8}\times[(7-6)+(7-6)+(4-3)+(4-3)+(6-4)+(6-4)+3+3]$
$=\dfrac{14}{8}$。

6.3.3 Winter 值的简化联盟式描述

利用联盟式描述来计算 Winter 值相较于分配式简单，但在联盟式描述中仍有许多的同类项，合并这些同类项可以简化 Winter 值的计算过程。合并同类项的关键在于找出哪些联盟可以成为给定局中人的前置集。

对任意的 $\mathcal{L}\in\mathcal{L}^N$ 及 $i\in N$，由 $\mathcal{L}$ 可导出 $N\setminus i$ 的一个划分

$$P(i,\mathcal{L})=\left\{(\mathcal{C}_l)_{|S_{i_{l+1}}^{l+1}\setminus S_{i_l}^l}\right\}_{l=0}^{k}$$

例 6.5 考虑例 6.1 中的层次结构，

(1) $P(1,\mathcal{L})=\{\{2,3,4\}\}$；

(2) $P(2,\mathcal{L})=\{\{1\},\{3\},\{4\}\}$；

(3) $P(3,\mathcal{L})=\{\{1\},\{2\},\{4\}\}$；

(4) $P(4,\mathcal{L})=\{\{1\},\{2,3\}\}$。

在所有关于 $\mathcal{L}$ 一致的置换集中，i 的前置集必为 $P(i,\mathcal{L})$ 中某些元素的并。

定理 6.3 对任意的 $(N,v,\mathcal{L})\in\mathcal{GL}$ 及 $i\in N$，

(1) 给定 $\pi \in \Omega(\mathcal{L})$，必存在 $R \subseteq P(i,\mathcal{L})$，使得 $\cup_{S\in R}S = P_i^\pi$；

(2) 给定 $R \subseteq P(i,\mathcal{L})$，必存在 $\pi \in \Omega(\mathcal{L})$，使得 $P_i^\pi = \cup_{S\in R}S$。

证明：(1) 若不然，即对任意的 $R \subseteq P(i,\mathcal{L})$，均有 $\cup_{S\in R}S \neq P_i^\pi$，则存在唯一的 $R_0 \subseteq P(i,\mathcal{L})$ 及 $S_0 \in P(i,\mathcal{L})$，使得

$$|R_0| = \max\left\{|R| \mid R \subseteq P(i,\mathcal{L}), \bigcup_{S\in R} S \subsetneqq P_i^\pi\right\}$$

及 $P_i^\pi \setminus \cup_{S\in R_0}S \subsetneqq S_0$。

若存在 $S_{i_l}^l \in \mathcal{C}_l$ 使得 $S_0 \cup i \subseteq S_{i_l}^l$，则由 R_0 的定义，$(P_i^\pi \setminus \cup_{S\in R_0}S)\cup i \subsetneqq S_{i_l}^l$。若 $l=0$，则 $P_i^\pi \setminus \cup_{S\in R_0}S = \varnothing$，从而 $\cup_{S\in R_0}S = P_i^\pi$，矛盾！若 $l>0$，则 $P_i^\pi \setminus \cup_{S\in R_0}S$ 中必含有多个结构联盟，这与 R_0 的定义矛盾。

若对任意的 $l \in \{0,1,\cdots,k+1\}$，都有 $S_0 \cup i \not\subseteq S_{i_l}^l$，则由 $P(i,\mathcal{L})$ 的定义，$\pi \notin \Omega(\mathcal{L})$，这与定理的假设矛盾！

(2) 下面将显式构造一个满足要求的置换 $\pi \in \Omega(\mathcal{L})$。

R 可将 $\lfloor S_{i_{k+1}}^{k+1} \rfloor$ 划分为如下三个不相交的子集：

$$\lfloor S_{i_{k+1}}^{k+1} \rfloor_1 = \{S_t^k \in \lfloor S_{i_{k+1}}^{k+1} \rfloor \setminus S_{i_k}^k \mid S_t^k \in R\};$$

$$\lfloor S_{i_{k+1}}^{k+1} \rfloor_2 = \{S_{i_k}^k\};$$

$$\lfloor S_{i_{k+1}}^{k+1} \rfloor_3 = \{S_t^k \in \lfloor S_{i_{k+1}}^{k+1} \rfloor \setminus S_{i_k}^k \mid S_t^k \notin R\}$$

令

$$T_k^1 = \cup\{S_t^k \in \lfloor S_{i_{k+1}}^{k+1} \rfloor \mid S_t^k \in \lfloor S_{i_{k+1}}^{k+1} \rfloor_1\};$$

$$T_k^2 = S_{i_k}^k;$$

$$T_k^3 = \cup\{S_t^k \in \lfloor S_{i_{k+1}}^{k+1} \rfloor \mid S_t^k \in \lfloor S_{i_{k+1}}^{k+1} \rfloor_3\}$$

任取 $\pi_k^1 \in \Omega(\mathcal{L}_{|T_k^1})$，$\pi_k^2 \in \Omega(\mathcal{L}_{|T_k^2})$，$\pi_k^3 \in \Omega(\mathcal{L}_{|T_k^3})$。并令 $\pi = (\pi_k^1, \pi_k^2, \pi_k^3)$，显然，$\pi \in \Omega(\mathcal{L})$。特殊地，若 π_k^2 刚好满足 $P_i^{\pi_k^2} = \bigcup_{S\in R_{|T_k^2}} S$，则 $P_i^\pi = \cup_{S\in R}S$。

一般地，R 可将 $\lfloor S_{i_{l+1}}^{l+1} \rfloor$ 划分为如下三个不相交的子集：

$$\lfloor S_{i_{l+1}}^{l+1} \rfloor_1 = \{S_t^l \in \lfloor S_{i_{l+1}}^{l+1} \rfloor \setminus S_{i_l}^l \mid S_t^l \in R\};$$

$$\lfloor S_{i_{l+1}}^{l+1} \rfloor_2 = \{S_{i_l}^l\};$$

$$\lfloor S_{i_{l+1}}^{l+1} \rfloor_3 = \{S_t^l \in \lfloor S_{i_{l+1}}^{l+1} \rfloor \setminus S_{i_l}^l \mid S_t^l \notin R\}$$

令

$$T_l^1 = \cup\{S_t^l \in \lfloor S_{i_{l+1}}^{l+1} \rfloor \mid S_t^l \in \lfloor S_{i_{l+1}}^{l+1} \rfloor_1\};$$

$$T_l^2 = S_{i_l}^l;$$

$$T_l^3 = \cup\{S_t^l \in \lfloor S_{i_{l+1}}^{l+1} \rfloor \mid S_t^l \in \lfloor S_{i_{l+1}}^{l+1} \rfloor_3\}$$

任取 $\pi_l^1 \in \Omega(\mathcal{L}_{|T_l^1})$，$\pi_l^2 \in \Omega(\mathcal{L}_{|T_l^2})$，$\pi_l^3 \in \Omega(\mathcal{L}_{|T_l^3})$。并令

$$\pi = (\pi_k^1, \pi_{k-1}^1, \cdots, \pi_l^1, \pi_l^2, \pi_l^3, \cdots, \pi_{k-1}^3, \pi_k^3)$$

显然，$\pi \in \Omega(\mathcal{L})$。特殊地，若 π_l^2 刚好满足 $P_i^{\pi_l^2} = \bigcup_{S\in R_{|T_l^2}} S$，则 $P_i^\pi = \cup_{S\in R} S$。

特殊地，当 $l = 0$ 时，T_l^2 为单元素集，从而满足 $P_i^{\pi_l^2} = \bigcup_{S\in R_{|T_l^2}} S$ 的 $\pi_l^2 \in \Omega(\mathcal{L}_{|T_l^2})$ 必定存在。于是，满足 $P_i^\pi = \cup_{S\in R} S$ 的 $\pi \in \Omega(\mathcal{L})$ 也必定存在。 □

定理 6.3 的一个自然推论是 Winter 值的简化联盟式描述。

推论 6.2 对任意的 $(N, v, \mathcal{L}) \in \mathcal{GL}$ 及 $i \in N$，有

$$\mathrm{Wi}_i(N, v, \mathcal{L}) = \sum_{R\subseteq P(i,\mathcal{L})} \frac{d_R^i}{|\Omega(\mathcal{L})|}\left(v\left(\bigcup_{S\in R} S \cup i\right) - v\left(\bigcup_{S\in R} S\right)\right) \tag{6.3}$$

其中

$$d_R^i = |\{\pi \in \Omega(\mathcal{L}) \mid P_i^\pi = \cup_{S\in R} S\}|$$

表示满足 $P_i^\pi = \cup_{S\in R} S$ 的置换 $\pi \in \Omega(\mathcal{L})$ 的个数。

式 (6.3) 称为 Winter 值的简化联盟式描述，用其来计算 Winter 值比用联盟式描述更加简便。

6.3.4 Winter 值的简化计算方法

利用式 (6.3) 来计算 Winter 值需先计算出 $|\Omega(\mathcal{L})|$ 及 d_R^i。

由一致置换及截断的定义，$|\Omega(\mathcal{L})|$ 的计算可以递归进行，即

$$|\Omega(\mathcal{L})| = |\mathcal{C}_k|! \times \prod_{S_t^k \in \mathcal{C}_k} |\Omega(\mathcal{L}_{|S_t^k})|$$

例 6.6 考虑例 6.1 中的层次结构。不失一般性，依次将各结构联盟按序编号，即 $\{2,3\}$ 位于 $\mathcal{C}_1$ 中的第 2 位，记其为 S_2^1；$\{2,3,4\}$ 位于 $\mathcal{C}_2$ 中的第 2 位，记其为 S_2^2。则计算 $|\Omega(\mathcal{L})|$ 的过程如下。

第一步：计算 $|\Omega(\mathcal{L}_{|S_1^1})|$，$|\Omega(\mathcal{L}_{|S_2^1})|$ 及 $|\Omega(\mathcal{L}_{|S_3^1})|$。

$$|\Omega(\mathcal{L}_{|S_1^1})| = |\Omega(\mathcal{L}_{|S_3^1})| = 1,\ |\Omega(\mathcal{L}_{|S_2^1})| = 2$$

第二步：计算 $|\Omega(\mathcal{L}_{|S_1^2})|$ 及 $|\Omega(\mathcal{L}_{|S_2^2})|$。

$$|\Omega(\mathcal{L}_{|S_1^2})| = 1,\ |\Omega(\mathcal{L}_{|S_2^2})| = 2! \times |\Omega(\mathcal{L}_{|S_2^1})| \times |\Omega(\mathcal{L}_{|S_3^1})| = 4$$

第三步：计算 $|\Omega(\mathcal{L}_{|S_1^3})|$。

$$|\Omega(\mathcal{L}_{|S_1^3})| = 2! \times |\Omega(\mathcal{L}_{|S_1^2})| \times |\Omega(\mathcal{L}_{|S_2^2})| = 8$$

由定理 6.3 第二部分的证明过程，d_R^i 的计算也可递归进行。为了反映层次结构对 d_R^i 的影响，记对应于 $\mathcal{L}$ 的 d_R^i 为 $d_R^i(\mathcal{L})$。从而，

$$d_R^i(\mathcal{L}) = |\Omega(\mathcal{L}_{|T_k^1})| \times d^i_{R_{|T_k^2}}(\mathcal{L}_{|T_k^2}) \times |\Omega(\mathcal{L}_{|T_k^3})|$$

例 6.7　考虑例 6.5，$P(4,\mathcal{L}) = \big\{\{1\},\{2,3\}\big\}$。

(1) $d_\varnothing^4(\mathcal{L}) = d_\varnothing^4(\mathcal{L}_{|\{2,3,4\}}) \times |\Omega(\mathcal{L}_{|\{1\}})| = d_\varnothing^4(\mathcal{L}_{|\{4\}}) \times |\Omega(\mathcal{L}_{|\{2,3\}})| \times |\Omega(\mathcal{L}_{|\{1\}})| = 2$；

(2) $d_{\{1\}}^4(\mathcal{L}) = |\Omega(\mathcal{L}_{|\{1\}})| \times d_\varnothing^4(\mathcal{L}_{|\{2,3,4\}}) = 2$；

(3) $d_{\{2,3\}}^4(\mathcal{L}) = d_{\{2,3\}}^4(\mathcal{L}_{|\{2,3,4\}}) \times |\Omega(\mathcal{L}_{|\{1\}})| = |\Omega(\mathcal{L}_{\{2,3\}})| \times d_{\{2,3\}}^4(\mathcal{L}_{|\{4\}}) = 2$；

(4) $d_{\{\{1\},\{2,3\}\}}^4(\mathcal{L}) = d_{\{1\}}^4(\mathcal{L}_{|\{1\}}) \times d_{\{2,3\}}^4(\mathcal{L}_{|\{2,3,4\}}) = 2$。

例 6.8　考虑例 6.4 中的 LS-合作博弈。结合例 6.6 及例 6.7，

$$\mathrm{Wi}_4(N,v,\mathcal{L}) = \frac{2}{8} \times (3-0) + \frac{2}{8} \times (4-3) + \frac{2}{8} \times (6-4) + \frac{2}{8} \times (7-6) = \frac{7}{4}$$

6.4　Winter 值的一致性

6.3 节给出了 Winter 值的三种描述及其简化计算方法。然而，即便利用简化联盟式描述来计算 Winter 值，也需先生成由 $\mathcal{L} \in \mathcal{L}^N$ 导出的 $N \setminus i$ 的划分 $P(i,\mathcal{L})$ 并生成该划分的所有子集。当问题规模较大时，应用计算机程序来生成子集会产生组合爆炸问题。为解决这一问题，本节将提出一种 Winter 值的新算法，其优点在于可将原问题分解为多个规模更小的问题，因而更适合于程序计算。这种算法建立在 Winter 值的一致性这一特殊性质基础上。

对任意的 $\mathcal{L} \in \mathcal{L}^N$，$S_t^{l+1} \in \mathcal{C}_{l+1}$ 及 $S \subseteq \lfloor S_t^{l+1} \rfloor$，考虑下面三种层次结构：

$$\mathcal{L}_1(S) = \{\mathcal{C}_0^1(S), \mathcal{C}_1^1(S), \cdots, \mathcal{C}_{k+1}^1(S)\} = \mathcal{L}_{|N\setminus(S_t^{l+1}\setminus S)};$$

$$\mathcal{L}_2(S) = \{\mathcal{C}_0^2(S), \mathcal{C}_1^2(S), \cdots, \mathcal{C}_{k+1}^2(S)\};$$

$$\mathcal{L}_3(S) = \{\mathcal{C}_0^3(S), \mathcal{C}_1^3(S), \cdots, \mathcal{C}_{k+1}^3(S)\}$$

其中，对任意的 $l' \in \{0, 1, \cdots, k+1\}$，有

$$\mathcal{C}_{l'}^2(S) = \begin{cases} \mathcal{C}_{l'} & , \quad l' \neq l+1 \\ \{(\mathcal{C}_{l'})_{|N \setminus S_t^{l+1}}, S, S_t^{l+1} \setminus S\} & , \quad l' = l+1 \end{cases}$$

$$\mathcal{C}_{l'}^3(S) = \begin{cases} \mathcal{C}_{l'} & , \quad l' \neq l+1 \\ \{(\mathcal{C}_{l'})_{|N \setminus S_t^{l+1}}, S, \lfloor S_t^{l+1} \rfloor \setminus S\} & , \quad l' = l+1 \end{cases}$$

假设 S 背叛了 $\lfloor S_t^{l+1} \rfloor$ 中的结盟关系，则 $\mathcal{L}_1(S)$、$\mathcal{L}_2(S)$ 及 $\mathcal{L}_3(S)$ 代表了 S 的补集，即 $\overline{S} = \lfloor S_t^{l+1} \rfloor \setminus S$，应对 S 背叛行为的三种态度。$\mathcal{L}_1(S)$ 假设 $\overline{S}$ 完全退出全局联盟 N，因而其态度是极其严厉的；$\mathcal{L}_2(S)$ 假设 $\overline{S}$ 中的结构联盟仍继续保持结盟关系，不理会 S 的背叛行为，因而其态度是比较温和的；$\mathcal{L}_3(S)$ 则假设 $\overline{S}$ 中的结构联盟不再继续结盟，却也并不退出全局联盟，因而其态度可视为中性的。

由以上三种层次结构可定义 $\lfloor S_t^{l+1} \rfloor$ 的三种合作博弈

$$\left(\lfloor S_t^{l+1} \rfloor, (v_p)_t^{l+1}\right), \quad p = 1, 2, 3$$

其中，对任意的 $S \subseteq \lfloor S_t^{l+1} \rfloor$，有

$$(v_p)_t^{l+1}(S) = \mathrm{Wi}_S\left(\mathcal{C}_{l+1}^p(S), v^{l+1}, \left(\mathcal{L}_p(S)\right)^{l+1}\right) \tag{6.4}$$

$\left(\lfloor S_t^{l+1} \rfloor, (v_p)_t^{l+1}\right)(p = 1, 2, 3)$ 都定义在 $\lfloor S_t^{l+1} \rfloor$ 上。$\lfloor S_t^{l+1} \rfloor$ 任意子集的价值都等于它的“势”，即它脱离 $\lfloor S_t^{l+1} \rfloor$ 后的收益。$p = 1, 2, 3$ 则依次假设当该子集退出 $\lfloor S_t^{l+1} \rfloor$ 时，$\lfloor S_t^{l+1} \rfloor$ 中剩下的结构联盟退出全局联盟、作为一个整体存在、作为单体存在。它们是现实生活中的三种典型情况。一般地说，$p = 1, 2, 3$ 所对应的三种合作博弈是不同的，但这三种合作博弈的 Shapley 值却是一致的。不仅如此，该 Shapley 值还等于相应结构联盟的集结 Winter 值。

定理 6.4 对任意的 $(N, v, \mathcal{L}) \in \mathcal{GL}$，$S_t^{l+1} \in \mathcal{C}_{l+1}$ 及 $S_{t'}^l \in \lfloor S_t^{l+1} \rfloor$，都有

$$\sum_{i \in S_{t'}^l} \mathrm{Wi}_i(N, v, \mathcal{L}) = \mathrm{Sh}_{S_{t'}^l}\left(\lfloor S_t^{l+1} \rfloor, (v_p)_t^{l+1}\right), \quad p = 1, 2, 3$$

证明： 令 $\gamma^p(p = 1, 2, 3)$ 为 $\mathcal{GL}$ 上一单值解，满足对任意的 $(N, v, \mathcal{L}) \in \mathcal{GL}$，$S_t^{l+1} \in \mathcal{C}_{l+1}$ 及 $S_{t'}^l \in \lfloor S_t^{l+1} \rfloor$，都有

$$\sum_{i \in S_{t'}^l} \gamma_i^p(N, v, \mathcal{L}) = \mathrm{Sh}_{S_{t'}^l}\left(\lfloor S_t^{l+1} \rfloor, (v_p)_t^{l+1}\right), \quad p = 1, 2, 3$$

下证 γ^p 满足有效性、可加性、结构联盟对称性和无效性。

有效性。由于 Shapley 值及 Winter 值均满足有效性，从而

$$
\begin{aligned}
\sum_{i\in N}\gamma_i^p(N,v,\mathcal{L}) &= \sum_{S_t^{l+1}\in\mathcal{C}_{l+1}}\ \sum_{S_{t'}^l\in\lfloor S_t^{l+1}\rfloor}\gamma_i^p(N,v,\mathcal{L})\\
&= \sum_{S_t^{l+1}\in\mathcal{C}_{l+1}}\ \sum_{S_{t'}^l\in\lfloor S_t^{l+1}\rfloor}\mathrm{Sh}_{S_{t'}^l}\left(\lfloor S_t^{l+1}\rfloor,(v_p)_t^{l+1}\right)\\
&= \sum_{S_t^{l+1}\in\mathcal{C}_{l+1}}(v_p)_t^{l+1}(\lfloor S_t^{l+1}\rfloor)\\
&= \sum_{S_t^{l+1}\in\mathcal{C}_{l+1}}\mathrm{Wi}_{S_t^{l+1}}\left(\mathcal{C}_{l+1}^p(S_t^{l+1}),v^{l+1},\left(\mathcal{L}_p(S_t^{l+1})\right)^{l+1}\right)\\
&= \sum_{S_t^{l+1}\in\mathcal{C}_{l+1}}\mathrm{Wi}_{S_t^{l+1}}(\mathcal{C}_{l+1},v^{l+1},\mathcal{L}^{l+1})\\
&= v(N),\quad p=1,2,3
\end{aligned}
$$

可加性。由于 Shapley 值及 Winter 值均满足可加性，因而 $\gamma^p(p=1,2,3)$ 满足可加性是显然的。

结构联盟对称性。任取 $\mathcal{C}_l\in\mathcal{L}$ 中满足结构联盟对称性条件的结构联盟 $S_{t_1}^l$ 和 $S_{t_2}^l$。不失一般性，记 $\{S_{t_1}^l,S_{t_2}^l\}\subseteq S_t^{l+1}\in\mathcal{C}_{l+1}$。由于 Shapley 值满足对称性，下面只需证 $S_{t_1}^l$ 和 $S_{t_2}^l$ 是 $\left(\lfloor S_t^{l+1}\rfloor,(v_p)_t^{l+1}\right)(p=1,2,3)$ 的对称局中人。任取 $R\subseteq\lfloor S_t^{l'+1}\rfloor\setminus\{S_{t_1}^{l'},S_{t_2}^{l'}\}$，则

$$
\begin{aligned}
&(v_p)_t^{l+1}(R\cup S_{t_1}^l)\\
&=\mathrm{Wi}_{R\cup S_{t_1}^l}\left(\mathcal{C}_{l+1}^p(R\cup S_{t_1}^l),v^{l+1},\left(\mathcal{L}_p(R\cup S_{t_1}^l)\right)^{l+1}\right)\\
&=\mathrm{Wi}_{R\cup S_{t_2}^l}\left(\mathcal{C}_{l+1}^p(R\cup S_{t_2}^l),v^{l+1},\left(\mathcal{L}_p(R\cup S_{t_2}^l)\right)^{l+1}\right)\\
&=(v_p)_t^{l+1}(R\cup S_{t_2}^l),\quad p=1,2,3
\end{aligned}
$$

其中，第二个等号成立是因为 $S_{t_1}^l$ 和 $S_{t_2}^l$ 是 $(\mathcal{C}_l,v^l)$ 的对称局中人。

无效性。任取 $(\mathcal{C}_l,v^l)$ 的无效局中人 $S_{t'}^l$。记 $S_{t'}^l\subseteq S_t^{l+1}\in\mathcal{C}_{l+1}$。由 Shapley 值满足无效性，下面只需证 $S_{t'}^l$ 是 $(\lfloor S_t^{l+1}\rfloor,(v_p)_t^{l+1})(p=1,2,3)$ 的无效局中人，即对任意的 $S\subseteq\lfloor S_t^{l+1}\rfloor\setminus S_{t'}^l$，都有

$$
\begin{aligned}
&\mathrm{Wi}_{S\cup S_{t'}^l}\left(\mathcal{C}_{l+1}^p(S\cup S_{t'}^l),v^{l+1},\left(\mathcal{L}_p(S\cup S_{t'}^l)\right)^{l+1}\right)\\
&=\mathrm{Wi}_S\left(\mathcal{C}_{l+1}^p(S),v^{l+1},\left(\mathcal{L}_p(S)\right)^{l+1}\right)
\end{aligned}\tag{6.5}
$$

由于 $S_{t'}^l$ 是 $(\lfloor S_t^{l+1}\rfloor,(v_p)_t^{l+1})$ 的无效局中人，从而在 $S\cup S_{t'}^l$ 中去掉 $S_{t'}^l$ 不会对 $S\cup S_{t'}^l$ 作为一个整体出现的收益产生影响，从而式 (6.5) 成立。 □

定理 6.4 的三种情形，即当 $S\subseteq\lfloor S_t^{l+1}\rfloor$ 退出直接上级结构联盟时，$\lfloor S_t^{l+1}\rfloor\setminus S$ 的回应方式是现实情形中的典型，现实情况往往是这三种情形的综合，此时定理 6.4 的证明方法也为处理这种情形下的一致性提供了一个框架。也就是说，当层次结构的某一结构联盟中有部分直接下属结构联盟退出该大结构联盟时，不论大结构联盟的补集怎么回应这一行为，Winter 值都等于对应合作博弈的 Shapley 值。

作为一致性的一个应用，下面给出 Winter 值的一种迭代式计算方法。

算法 6.2 对任意的 $(N,v,\mathcal{L})\in\mathcal{GL}$ 及 $i\in N$，$\mathrm{Wi}_i(N,v,\mathcal{L})$ 可按如下方法计算：

(1) 令 $l=k$ 并计算 $S_{i_l}^l$ 的集结收益

$$\sum_{j\in S_{i_l}^l}\mathrm{Wi}_j(N,v,\mathcal{L})=\mathrm{Wi}_{S_{i_l}^l}(\mathcal{C}_l,v^l,\mathcal{L}^l)=\mathrm{Sh}_{S_{i_l}^l}(\mathcal{C}_l,v^l)$$

(2) 若 $l\geqslant 1$，在 $\lfloor S_{i_l}^l\rfloor$ 间分配 $S_{i_l}^l$ 的集结收益 $\sum_{j\in S_{i_l}^l}\mathrm{Wi}_j(N,v,\mathcal{L})$：

(a) 利用式 (6.4) 构造某种内部合作博弈。一般地，选择 $p=1$ 最方便。

(b) 计算 $S_{i_{l-1}}^{l-1}$ 的集结收益

$$\sum_{j\in S_{i_{l-1}}^{l-1}}\mathrm{Wi}_j(N,v,\mathcal{L})=\mathrm{Wi}_{S_{i_{l-1}}^{l-1}}(\mathcal{C}_{l-1},v^{l-1},\mathcal{L}^{l-1})=\mathrm{Sh}_{S_{i_{l-1}}^{l-1}}(\lfloor S_{i_l}^l\rfloor,(v_p)_{i_l}^l)$$

(c) 让 l 自减 1，返回步骤 (2)。

(3) 当 $l=0$ 时，即得各局中人的 Winter 值。

算法 6.2 的主要优点在于将一大规模问题转化成了若干小规模问题，因而更有利于计算机编程。

6.5 Winter 值的公理化刻画

6.5.1 均衡贡献性

Calvo 等[129] 将均衡贡献性扩展到了层次结构情境。

公理 6.5 结构联盟均衡贡献性：对任意的 $(N,v,\mathcal{L})\in\mathcal{GL}$ 及 $\{S_t^l,S_{t'}^l\}\subseteq\mathcal{C}_l$，有

$$\begin{aligned}&\sum_{i\in S_t^l}\gamma_i(N,v,\mathcal{L})-\sum_{i\in S_t^l}\gamma_i(N\setminus S_{t'}^l,v,\mathcal{L})\\=&\sum_{i\in S_{t'}^l}\gamma_i(N,v,\mathcal{L})-\sum_{i\in S_{t'}^l}\gamma_i(N\setminus S_t^l,v,\mathcal{L})\end{aligned}$$

结构联盟均衡贡献性要求任意两个结构联盟对对方收益的贡献相同。

定理 6.5　Winter 值是 $\mathcal{GL}$ 上唯一同时满足有效性及联盟均衡贡献性的值[129]。

Álvarez-Mozos 和 Tejada[151] 利用均衡贡献性的另一个变体，结构联盟分裂均衡贡献性 (level balanced contributions) 及几条常见公理在层次结构情境下的变体刻画了 Winter 值。

对任意的 $\mathcal{L} \in \mathcal{L}^N$ 及 $p \in S_t^1 \in \mathcal{C}_l$，记在 $\mathcal{L}$ 中将 p 孤立成一个单独的结构联盟而形成的层次结构为 $\mathcal{L}^{-p}$，即

$$\mathcal{L}^{-p} = \left\{\mathcal{C}_0, (\mathcal{C}_1 \setminus S_{p_1}^1, p, S_{p_1}^1 \setminus p), \cdots, (\mathcal{C}_k \setminus S_{p_k}^k, p, S_{p_k}^k \setminus p), \mathcal{C}_{k+1}\right\}$$

公理 6.6　结构联盟分裂均衡贡献性：对任意的层次结构合作博弈 $(N, v, \mathcal{L}) \in \mathcal{GL}^N$ 及局中人 $\{i, j\} \subseteq S_t^1 \in \mathcal{C}_1$，有

$$\gamma_i(N, v, \mathcal{L}) - \gamma_i(N, v, \mathcal{L}^{-j}) = \gamma_j(N, v, \mathcal{L}) - \gamma_j(N, v, \mathcal{L}^{-i})$$

如果两个局中人在任意层 ($\mathcal{C}_0$ 除外) 联盟结构中都位于同一结构联盟，则他们已达成了相当稳定的合作关系。结构联盟分裂均衡贡献性要求当这样的两个局中人中有一方背叛另一方时，他给对方收益造成的损失与对方背叛他给其收益造成的损失相同。

公理 6.7　平凡层次结构 Shapley 值等价性：对任意的 $(N, v, \mathcal{L}) \in \mathcal{GL}^N$，若 $\mathcal{L}$ 为平凡层次结构, 则 $\gamma(N, v, \mathcal{L}) = \mathrm{Sh}(N, v)$。

平凡层次结构 Shapley 值等价性要求当层次结构平凡时，所考虑的层次结构合作博弈值等价于合作博弈的 Shapley 值。

定理 6.6　Winter 值是 $\mathcal{GL}^N$ 上唯一同时满足平凡层次结构 Shapley 值等价性、商合作博弈性及结构联盟分裂均衡贡献性的值[151]。

6.5.2　边际贡献性

类似于定理 4.5，定义 6.7 的可加性和无效性可替换成边际贡献性[127]。

公理 6.8　边际贡献性：对任意的层次结构合作博弈 $\{(N, u, \mathcal{L}), (N, v, \mathcal{L})\} \subseteq \mathcal{GL}^N$ 及局中人 $i \in N$，若任取联盟 $S \subseteq N \setminus i$，都有

$$u(S \cup i) - u(S) = v(S \cup i) - v(S)$$

则

$$\gamma_i(N, u, \mathcal{L}) = \gamma_i(N, v, \mathcal{L})$$

定理 6.7　Winter 值是 $\mathcal{GL}^N$ 上唯一同时满足有效性、结构联盟对称性及边际贡献性的值[127]。

类似于定理 2.12，定理 6.7 的边际贡献性可替换成差分边际贡献性。

公理 6.9 结构联盟差分边际贡献性：对任意的 $\{(N,u,\mathcal{L}),(N,v,\mathcal{L})\}\subseteq\mathcal{GL}^N$ 及地位对等的结构联盟 $\{S^l_{t_1},S^l_{t_2}\}\subseteq\mathcal{C}_l$，若任取 $\mathcal{C}'_l\subseteq\mathcal{C}_l\setminus\{S^l_{t_1},S^l_{t_2}\}$，都有

$$u^{\mathcal{C}}(\mathcal{C}'_l\cup S^l_{t_1})-u^{\mathcal{C}}(\mathcal{C}'_l\cup S^l_{t_2})=v^{\mathcal{C}}(\mathcal{C}'_l\cup S^l_{t_1})-v^{\mathcal{C}}(\mathcal{C}'_l\cup S^l_{t_2})$$

则

$$\sum_{i\in S^l_{t_1}}\gamma_i(N,u,\mathcal{C})-\sum_{i\in S^l_{t_2}}\gamma_i(N,u,\mathcal{C})=\sum_{i\in S^l_{t_1}}\gamma_i(N,v,\mathcal{C})-\sum_{i\in S^l_{t_2}}\gamma_i(N,v,\mathcal{C})$$

结构联盟差分边际贡献性要求商合作博弈中相同的边际贡献差对应相同的集结收益差。Casajus[128] 利用有效性、结构联盟差分边际贡献性及结构联盟无效性 (null level component) 来刻画 Winter 值。

公理 6.10 结构联盟无效性：对任意的 $(N,v,\mathcal{L})\in\mathcal{GL}^N$，若 $S^l_t\in\mathcal{C}_l$ 是商合作博弈 $(\mathcal{C}_l,v^l)$ 的无效局中人，则

$$\sum_{i\in S^l_t}\gamma_i(N,v,\mathcal{C})=0$$

结构联盟无效性要求商合作博弈中的无效局中人集结收益为 0。它是无效性在层次结构情境下的修正。

定理 6.8 Winter 值是 $\mathcal{GL}^N$ 上唯一同时满足有效性、结构联盟差分边际贡献性及结构联盟无效性的值[128]。

6.6 Winter 值和 Shapley 值的解析关系

层次结构要求局中人在结盟后知道全体局中人间的结盟情况，但在此之前，局中人只能对各层次结构出现的概率进行预测。沿用 Casajus[138] 的说法，此时局中人间有一道“无知的幕”(veil of ignorance)。于是，各局中人只能对其期望收益进行预测。有趣的是，在层次结构集上的概率分布满足一定条件的情况下，Shapley 值会成为该概率分布下 Winter 值的期望均值，即局中人的期望收益。

任取 $\mathcal{L}^N$ 上的概率分布 p，$(N,v)\in\mathcal{G}$ 及 $i\in N$，记

$$\mathrm{Wi}_i(N,v,p)=\sum_{\mathcal{L}\in\mathcal{L}^N}p(\mathcal{L})\mathrm{Wi}_i(N,v,\mathcal{L}) \tag{6.6}$$

即 $\mathrm{Wi}_i(N,v,p)$ 表示在利用 Winter 值来进行收益分配且各层次结构出现的概率如 p 所指定时，局中人 i 的层次结构结盟期望收益。

定义 6.8 对任意的 $\{\mathcal{L}_1,\mathcal{L}_2\}\subseteq\mathcal{L}^N$，若：

(1) 它们的层数相同 (如前所示，仍记其为 $k+2$)；

(2) 对任意的 $l\in\{0,1,2,\cdots,k+1\}$，都有 $|\mathcal{C}_l(\mathcal{L}_1)|=|\mathcal{C}_l(\mathcal{L}_2)|$；

(3) 对任意的 $l\in\{1,2,\cdots,k+1\}$，存在一一映射 $\sigma:\mathcal{C}_l(\mathcal{L}_1)\to\mathcal{C}_l(\mathcal{L}_2)$，使得

$$|\mathcal{C}_l(\mathcal{L}_1)|=|\sigma(\mathcal{C}_l(\mathcal{L}_2))|$$

则称 $\mathcal{L}_1$ 和 $\mathcal{L}_2$ 是同构层次结构。记 $\mathcal{L}^N$ 中与 $\mathcal{L}$ 同构的层次结构集合为 $\mathcal{S}(\mathcal{L})$。

两个层次结构同构其实是指它们的层数相同、每层的结构联盟数相同且各层中结构联盟所包含的局中人数存在一一对应关系，即仅仅将一个层次结构中若干个局中人的“名字”交换一下即可形成另一个层次结构。

例 6.9 例 6.1 的层次结构与 $N=\{1,2,3,4\}$ 上的如下层次结构同构：

(1) $\mathcal{L}=\{\mathcal{C}_0,\mathcal{C}_1,\mathcal{C}_2,\mathcal{C}_3\}$；

(2) $\mathcal{C}_0=\big\{\{1\},\{2\},\{3\},\{4\}\big\}$；

(3) $\mathcal{C}_1=\big\{\{2\},\{1,4\},\{3\}\big\}$；

(4) $\mathcal{C}_2=\big\{\{2\},\{1,3,4\}\big\}$；

(5) $\mathcal{C}_3=\big\{\{1,2,3,4\}\big\}$。

定义 6.9 任取 $\mathcal{L}\in\mathcal{L}^N$。若 $\mathcal{L}^N$ 上的概率分布 p 满足对任意的 $\{\mathcal{L}_1,\mathcal{L}_2\}\subseteq\mathcal{S}(\mathcal{L})$，都有 $p(\mathcal{L}_1)=p(\mathcal{L}_2)$，则称 p 是 $\mathcal{L}^N$ 上的对称概率分布。

Shapley 值等于 Winter 值在对称概率分布下的期望均值。

定理 6.9 对任意的 $(N,v)\in\mathcal{G}$ 及 $i\in N$，若 p 是 $\mathcal{L}^N$ 上的对称概率分布，则

$$\mathrm{Sh}_i(N,v)=\mathrm{Wi}_i(N,v,p) \tag{6.7}$$

证明： 令 φ 为 $\mathcal{G}^N$ 上的值，定义如式 (6.7) 等号右端所示，即对任意的 $(N,v)\in\mathcal{G}^N$ 及 $i\in N$，$\varphi_i(N,v)=\mathrm{Wi}_i(N,v,p)$。下证 φ 满足有效性、可加性、对称性和无效性。

由于 Winter 值满足有效性、可加性和无效性，因此由式 (6.6) 知，φ 也满足有效性、可加性和无效性。下证对称性。

任取 (N,v) 的对称局中人 i 和 j。对任意的 $\mathcal{L}\in\mathcal{L}^N$，依据 i 和 j 是否位于 $\mathcal{C}_1$ 中的同一个结构联盟，可将 $\mathcal{L}^N$ 分成以下两个不相交的子集：

$$\mathcal{L}_1^N=\{\mathcal{L}\in\mathcal{L}^N\mid 存在S_t^1\in\mathcal{C}_1,使得\{i,j\}\subseteq S_t^1\};$$

$$\mathcal{L}_2^N=\{\mathcal{L}\in\mathcal{L}^N\mid 存在\{S_{t_1}^1,S_{t_2}^1\}\subseteq\mathcal{C}_1,使得i\in S_{t_1}^1及j\in S_{t_2}^1\}$$

对任意的 $\mathcal{L}\in\mathcal{L}_2^N$，记 $\pi(\mathcal{L})$ 为在 $\mathcal{L}$ 中将 i 和 j 互换后形成的新层次结构，即

$$\pi(\mathcal{L})=\{\mathcal{C}_0',\mathcal{C}_1',\cdots,\mathcal{C}_{k+1}'\}$$

其中

(1) $\mathcal{C}'_0 = \mathcal{C}_0$，$\mathcal{C}'_{k+1} = \mathcal{C}_{k+1}$；

(2) 对任意的 $l \in \{1, 2, \cdots, k\}$，记 $i \in S^l_{t_1}$，$j \in S^l_{t_2}$，则

$$\mathcal{C}'_l = \left\{(\mathcal{C}_l)_{|N\setminus(S^l_{t_1}\cup S^l_{t_2})}, (S^l_{t_1} \setminus i) \cup j, (S^l_{t_2} \setminus j) \cup i\right\}$$

易知对应关系 π 建立了一个从 $\mathcal{L}^N_2$ 到 $\mathcal{L}^N_2$ 的双射。由于 p 是 $\mathcal{L}^N$ 上的对称概率分布，从而对任意的 $\mathcal{L} \in \mathcal{L}^N_2$，都有 $p(\mathcal{L}) = p\big(\pi(\mathcal{L})\big)$。另外，由 Winter 值的结构联盟对称性，对任意的 $\mathcal{L} \in \mathcal{L}^N_1$，都有 $\mathrm{Wi}_i(N, v, \mathcal{L}) = \mathrm{Wi}_j(N, v, \mathcal{L})$。于是，

$$\begin{aligned}
\mathrm{Sh}_i(N, v) &= \mathrm{Wi}_i(N, v, p) \\
&= \sum_{\mathcal{L}\in\mathcal{L}^N} p(\mathcal{L})\mathrm{Wi}_i(N, v, \mathcal{L}) \\
&= \sum_{\mathcal{L}\in\mathcal{L}^N_1} p(\mathcal{L})\mathrm{Wi}_i(N, v, \mathcal{L}) + \sum_{\mathcal{L}\in\mathcal{L}^N_2} p(\mathcal{L})\mathrm{Wi}_i(N, v, \mathcal{L}) \\
&= \sum_{\mathcal{L}\in\mathcal{L}^N_1} p(\mathcal{L})\mathrm{Wi}_j(N, v, \mathcal{L}) + \sum_{\pi(\mathcal{L})\in\mathcal{L}^N_2} p\big(\pi(\mathcal{L})\big)\mathrm{Wi}_j\big(N, v, \pi(\mathcal{L})\big) \\
&= \sum_{\mathcal{L}\in\mathcal{L}^N_1} p(\mathcal{L})\mathrm{Wi}_j(N, v, \mathcal{L}) + \sum_{\mathcal{L}\in\mathcal{L}^N_2} p(\mathcal{L})\mathrm{Wi}_j(N, v, \mathcal{L}) \\
&= \mathrm{Wi}_j(N, v, p) \\
&= \mathrm{Sh}_j(N, v)
\end{aligned}$$

对称性得证。 □

作为定理 6.9 的一个特殊情况，下面关注 $\mathcal{L}^N$ 上的一类特殊对称概率分布，即给定 $\mathcal{L} \in \mathcal{L}^N$，它赋予 $\mathcal{S}(\mathcal{L})$ 之外的层次结构零概率，赋予 $\mathcal{S}(\mathcal{L})$ 中的层次结构等概率。

推论 6.3 对任意的 $(N, v) \in \mathcal{G}$，$\mathcal{L} \in \mathcal{L}^N$ 及 $i \in N$，都有

$$\mathrm{Sh}_i(N, v) = \frac{\sum_{\mathcal{L}'\in\mathcal{S}(\mathcal{L})} \mathrm{Wi}_i(N, v, \mathcal{L}')}{|\mathcal{S}(\mathcal{L})|} \tag{6.8}$$

证明： 在 $\mathcal{L}^N$ 上定义如下概率分布：

$$p(\mathcal{L}') = \begin{cases} \dfrac{1}{|\mathcal{S}(\mathcal{L})|}, & \mathcal{L}' \in \mathcal{S}(\mathcal{L}) \\ \quad 0 \quad, & \text{其他} \end{cases}$$

显然，p 是 $\mathcal{L}^N$ 上的对称概率分布。于是，由定理 6.9即得式 (6.8)。 □

推论 6.3说明 Shapley 值是 Winter 值在给定同构层次结构类上的平均值。有意思的是，这一结论也可以推导出定理 6.9，即推论 6.3与定理 6.9是等价的。利用推论 6.3来证明定理 6.9：由定义 6.8，同构关系是等价关系，假设它可将 $\mathcal{L}^N$ 分成 m 个等价类 $\mathcal{S}(\mathcal{L}_1),\mathcal{S}(\mathcal{L}_2),\cdots,\mathcal{S}(\mathcal{L}_m)$。对 $\mathcal{L}^N$ 上的任意对称概率分布 p，均有

$$\begin{aligned}
\mathrm{Wi}_i(N,v,p) &= \sum_{\mathcal{L}\in\mathcal{L}^N} p(\mathcal{L})\mathrm{Wi}_i(N,v,\mathcal{L}) \\
&= \sum_{t=1}^{m}\sum_{\mathcal{L}\in\mathcal{S}(\mathcal{L}_t)} p(\mathcal{L})\mathrm{Wi}_i(N,v,\mathcal{L}) \\
&= \sum_{t=1}^{m} p(\mathcal{L}_t)\sum_{\mathcal{L}\in\mathcal{S}(\mathcal{L}_t)} \mathrm{Wi}_i(N,v,\mathcal{L}) \\
&= \sum_{t=1}^{m} p(\mathcal{L}_t)|\mathcal{S}(\mathcal{L}_t)|\mathrm{Sh}_i(N,v) \\
&= \mathrm{Sh}_i(N,v)\sum_{t=1}^{m} p(\mathcal{L}_t)|\mathcal{S}(\mathcal{L}_t)| \\
&= \mathrm{Sh}_i(N,v)\sum_{L\in\mathcal{L}^N} p(\mathcal{L}) \\
&= \mathrm{Sh}_i(N,v)
\end{aligned}$$

其中，第四个等号是利用式 (6.8) 得到的。 □

6.7 层次结构合作博弈的 Banzhaf 值

Álvarez-Mozos 和 Tejada[151] 将 Banzhaf-Owen 值扩展到了层次结构情境，由此得到了层次结构合作博弈的 Banzhaf 值 (简称层次 Banzhaf 值)。

6.7.1 层次 Banzhaf 值的定义

定义 6.10 对任意的 $(N,v,\mathcal{L})\in\mathcal{GL}$ 及 $i\in N$，i 在 $(N,v,\mathcal{L})$ 中的层次 Banzhaf 值

$$\mathrm{LBa}_i(N,v,\mathcal{L}) = \sum_{R\subseteq P(i,\mathcal{L})}\frac{1}{2^{|P(i,\mathcal{L})|}}\left(v\left(\bigcup_{S\in R} S\cup i\right)-v\left(\bigcup_{S\in R} S\right)\right)$$

6.7.2 层次 Banzhaf 值的公理化刻画

公理 6.11 1-商合作博弈性 (singleton level game property)：对任意的层次结构合作博弈 $(N, v, \mathcal{L}) \in \mathcal{GL}^N$ 及 $i \in N$，若任取 $l \in \{0, 1, \cdots, k\}$，都有 $S_{i_l}^l = i$，则对任意的 $l \in \{0, 1, \cdots, k\}$，有

$$\gamma_i(N, v, \mathcal{L}) = \gamma_{S_{i_l}^l}(\mathcal{C}_l, v^l, \mathcal{L}^l)$$

1-商合作博弈性是商合作博弈性的弱化。要求在任意层 ($\mathcal{C}_{k+1}$ 除外) 联盟结构中自身构成结构联盟的局中人满足商合作博弈性。

公理 6.12 结构联盟分裂无关性 (level neutrality under individual desertion)：对任意的 $(N, v, \mathcal{L}) \in \mathcal{GL}^N$ 及 $\{i, j\} \subseteq S_t^1 \in \mathcal{C}_1$，有

$$\gamma_i(N, v, \mathcal{L}) = \gamma_i(N, v, \mathcal{L}^{-j})$$

对于两个在任意层联盟结构 ($\mathcal{C}_0$ 除外) 中都位于同一结构联盟的局中人，结构联盟分裂无关性要求他们中的任何一个退出结构联盟对另一个收益的影响为零。

公理 6.13 平凡层次结构 Banzhaf 值等价性：对任意的层次结构合作博弈 $(N, v, \mathcal{L}) \in \mathcal{GL}^N$，若 $\mathcal{L}$ 为平凡层次结构，则

$$\gamma(N, v, \mathcal{L}) = \mathrm{Ba}(N, v)$$

平凡层次结构 Banzhaf 值等价性要求层次结构平凡时，所考虑的层次结构合作博弈值等价于合作博弈的 Banzhaf 值。

定理 6.10 层次 Banzhaf 值是 $\mathcal{GL}^N$ 上唯一同时满足 1-商合作博弈性、平凡层次结构 Banzhaf 值等价性和结构联盟分裂无关性的值[151]。

第 7 章 层次结构合作博弈的均分值和均分剩余值

第 6 章研究了层次结构合作博弈的 Winter 值，它是层次结构合作博弈的第一种单值解。本章将提出层次结构合作博弈的均分值和均分剩余值 (简称层次均分值和层次均分剩余值)。这两种值的分配方式简单方便，是构造其他层次结构合作博弈值的重要辅助。

7.1 层次结构合作博弈的均分值

7.1.1 层次均分值的定义

均分值是合作博弈的单值解之一，它致力于在所有局中人间均分全局联盟价值，即对任意的 $(N,v)\in\mathcal{G}$ 及 $i\in N$，有

$$\mathrm{ED}_i(N,v)=\frac{v(N)}{n}$$

层次均分值也致力于在局中人间均分全局联盟价值。但是，层次结构的存在使得这种均分只能自顶向下逐层进行。

定义 7.1 对任意的 $(N,v,\mathcal{L})\in\mathcal{GL}$ 及 $i\in N$，i 在 $(N,v,\mathcal{L})$ 中的层次均分值

$$\mathrm{LSED}_i(N,v,\mathcal{L})=\frac{v(N)}{\prod\limits_{l=1}^{k+1}|\lfloor S_{i_l}^l\rfloor|}$$

7.1.2 层次均分值的公理化刻画

1. 注销局中人

公理化刻画层次均分值需要用到注销性在层次结构情境下的变体。

公理 7.1 注销性：对任意的层次结构合作博弈 $(N,v,\mathcal{L})\in\mathcal{GL}^N$ 及局中人 $i\in N$，若 i 是 (N,v) 的注销局中人，则 $\gamma_i(N,v,\mathcal{L})=0$。

注销性要求注销局中人获得零收益。

定理 7.1 层次均分值是 $\mathcal{GL}^N$ 上唯一同时满足有效性、可加性、结构联盟对称性和注销性的值。

证明：由定义 7.1，层次均分值显然满足有效性、可加性、结构联盟对称性和注销性。下证 $\mathcal{GL}^N$ 上同时满足这四条公理的值是唯一的。

令 γ 是 $\mathcal{GL}^N$ 上同时满足上述四条公理的值。任取 $(N, v, \mathcal{L}) \in \mathcal{GL}^N$ 及 $i \in N$。由可加性，下面只需证对任意的 $E \in 2^N \setminus \varnothing$，定理 7.1 的四条公理唯一确定了 i 在 $(N, v(E)e_E, \mathcal{L}) \in \mathcal{GL}^N$ 中的收益 $\gamma_i(N, v(E)e_E, \mathcal{L})$。任取 $E \in 2^N \setminus \varnothing$ 及 $i \in N$。

(1) 若 $E = N$，则任意两个同层结构联盟都是相应商合作博弈的对称局中人。由结构联盟对称性，任意两个隶属于相同直接上级的结构联盟集结收益都相同。于是，由有效性，有

$$\gamma_i\big(N, v(E)e_E, \mathcal{L}\big) = \frac{v(N)e_E(N)}{\prod\limits_{l=1}^{k+1} \big|\lfloor S_{i_l}^l \rfloor\big|} = \frac{v(N)}{\prod\limits_{l=1}^{k+1} \big|\lfloor S_{i_l}^l \rfloor\big|}$$

(2) 若 $E \in 2^N \setminus \{N, \varnothing\}$，则 E 可将 $\lfloor S_{i_{k+1}}^{k+1} \rfloor$ 分成如下两个不相交的子集：

$$\lfloor S_{i_{k+1}}^{k+1} \rfloor_1 = \big\{S_t^k \in \mathcal{C}_k \mid S_t^k \cap E \neq \varnothing\big\},$$

$$\lfloor S_{i_{k+1}}^{k+1} \rfloor_2 = \big\{S_t^k \in \mathcal{C}_k \mid S_t^k \cap E = \varnothing\big\}$$

由于 $\lfloor S_{i_{k+1}}^{k+1} \rfloor_2$ 中的结构联盟内部的局中人都是 $\big(N, v(E)e_E\big)$ 的注销局中人，从而由注销性，有

$$\gamma_i\big(N, v(E)e_E, \mathcal{L}\big) = 0, \quad 若\, i \in \bigcup_{S_t^k \in \lfloor S_{i_{k+1}}^{k+1} \rfloor_2} S_t^k$$

又由于 $\lfloor S_{i_{k+1}}^{k+1} \rfloor_1$ 中的结构联盟都是商合作博弈 $(\mathcal{C}_k, v^k)$ 的对称局中人，从而由结构联盟对称性，有

$$\sum_{j \in S_{i_k}^k} \gamma_j\big(N, v(E)e_E, \mathcal{L}\big) = \frac{v(E)e_E(N)}{\big|\lfloor S_{i_{k+1}}^{k+1} \rfloor_1\big|} = 0, \quad 若\, S_{i_k}^k \in \lfloor S_{i_{k+1}}^{k+1} \rfloor_1$$

进一步，E 可将 $\lfloor S_{i_k}^k \rfloor$ 分为如下两个不相交的子集：

$$\lfloor S_{i_k}^k \rfloor_1 = \big\{S_t^{k-1} \in \lfloor S_{i_k}^k \rfloor \mid S_t^{k-1} \cap E \neq \varnothing\big\},$$

$$\lfloor S_{i_k}^k \rfloor_2 = \big\{S_t^{k-1} \in \lfloor S_{i_k}^k \rfloor \mid S_t^{k-1} \cap E = \varnothing\big\}$$

由于 $\lfloor S_{i_k}^k \rfloor_2$ 中的结构联盟内部的局中人都是 $\big(N, v(E)e_E\big)$ 的注销局中人，从而由注销性，有

$$\gamma_i\big(N, v(E)e_E, \mathcal{L}\big) = 0, \quad 若\, i \in \bigcup_{S_t^{k-1} \in \lfloor S_{i_k}^k \rfloor_2} S_t^{k-1}$$

由于 $\lfloor S_{i_k}^k \rfloor_1$ 中的结构联盟都是商合作博弈 $(\mathcal{C}_{k-1}, v^{k-1})$ 的对称局中人，从而由结构联盟对称性，有

$$\sum_{j\in S_{i_{k-1}}^{k-1}} \gamma_j\big(N, v(E)e_E, \mathcal{L}\big) = \frac{\sum_{j\in S_{i_k}^k} \gamma_j\big(N, v(E)e_E, \mathcal{L}\big)}{|\lfloor S_{i_k}^k \rfloor_1|} = 0,\ \text{若}\ S_{i_{k-1}}^{k-1} \in \lfloor S_{i_k}^k \rfloor_1$$

一般地，对任意的 $l \in \{0, 1, 2, \cdots, k-1\}$，若

$$\sum_{j\in S_{i_{l+1}}^{l+1}} \gamma_j\big(N, v(E)e_E, \mathcal{L}\big) = 0$$

则仿照上面的推理过程，E 可将 $\lfloor S_{i_{l+1}}^{l+1} \rfloor$ 分为如下两个不相交的子集：

$$\lfloor S_{i_{l+1}}^{l+1} \rfloor_1 = \big\{S_t^l \in \lfloor S_{i_{l+1}}^{l+1} \rfloor \mid S_t^l \cap E \neq \varnothing\big\},$$
$$\lfloor S_{i_{l+1}}^{l+1} \rfloor_2 = \big\{S_t^l \in \lfloor S_{i_{l+1}}^{l+1} \rfloor \mid S_t^l \cap E = \varnothing\big\}$$

由注销性，有

$$\gamma_i\big(N, v(E)e_E, \mathcal{L}\big) = 0,\quad \text{若}\, i \in \bigcup_{S_t^l \in \lfloor S_{i_{l+1}}^{l+1} \rfloor_2} S_t^l$$

由结构联盟对称性，有

$$\sum_{j\in S_{i_l}^l} \gamma_j\big(N, v(E)e_E, \mathcal{L}\big) = \frac{\sum_{j\in S_{i_{l+1}}^{l+1}} \gamma_j\big(N, v(E)e_E, \mathcal{L}\big)}{|\lfloor S_{i_{l+1}}^{l+1} \rfloor_1|} = 0,\ \text{若}\ S_{i_l}^l \in \lfloor S_{i_{l+1}}^{l+1} \rfloor_1$$

特殊地，当 $l = 0$ 时，即得 $\gamma_i\big(N, v(E)e_E, \mathcal{L}\big) = 0$。 □

对比定理 6.1 与定理 7.1 可以发现，层次均分值与 Winter 值具有非常多的共同之处。它们都满足有效性、可加性和结构联盟对称性，它们之间的区别则仅在与哪一种局中人将获得 0 收益。对于层次均分值，注销局中人，即不仅自身不能创造价值，还要完全破坏其他联盟所创造价值的局中人才获得 0 收益；对于 Winter 值，无效局中人，即自身不能创造价值，也不能给其他联盟创造附加值的局中人将获得 0 收益。因为无效局中人不会破坏其他联盟所创造的价值，因而层次均分值比 Winter 值更加仁慈。

2. 协变性

在定理 7.1 中，可加性和注销性可弱化为注销协变性。

公理 7.2　注销协变性：对任意的 $\{(N,u,\mathcal{L}),(N,v,\mathcal{L})\}\subseteq\mathcal{GL}^N$ 及 $i\in N$，若 i 是 (N,u) 的注销局中人，则 $\gamma_i(N,u+v,\mathcal{L})=\gamma_i(N,v,\mathcal{L})$。

当一个层次结构合作博弈可被拆分成两个层次结构合作博弈的和，且所考虑的局中人正好是其中一个拆分层次结构合作博弈的注销局中人时，注销协变性要求该局中人在原层次结构合作博弈中的收益等于他在另一个拆分层次结构合作博弈中的收益。显然，可加性和注销性蕴含了注销协变性。注销协变性是合作博弈值联盟标准策略等价性在层次结构情境下的修正。

定理 7.2　层次均分值是 $\mathcal{GL}^N$ 上唯一同时满足有效性、结构联盟对称性和注销协变性的值。

证明： 由定理 7.1，层次均分值满足有效性和结构联盟对称性。另外，可加性和注销性也蕴含了注销协变性。于是，下面只需证同时满足这三条公理的 $\mathcal{GL}^N$ 上的值是唯一的。

任取 $(N,v,\mathcal{L})\in\mathcal{GL}^N$，记 (N,v) 中价值不为 0 的联盟数为 $d(N,v)$，即

$$d(N,v)=|\{T\subseteq N\mid v(T)\neq 0\}|$$

令 γ 是 $\mathcal{GL}^N$ 上同时满足定理 7.2 中三条公理的值函数。下证这三条公理唯一确定了局中人 $i\in N$ 的收益 $\gamma_i(N,v,\mathcal{L})$。

若 $d(N,v)=0$，则任意两个隶属于相同直接上级的结构联盟均满足结构联盟对称性的条件，因而由有效性和结构联盟对称性可知 $\gamma_i(N,v,\mathcal{L})=0$。

假设当 $d(N,v)\leqslant k$ 时，定理 7.2 的三条公理唯一确定了 $\gamma_i(N,v,\mathcal{L})$。

当 $d(N,v)=k+1$ 时，记

$$H(N,v)=\{j\in N\mid \text{对任意的}S\subseteq N\setminus j,\ \text{都有}v(S)=0\}$$

(1) $i\in N\setminus H(N,v)$。此时，存在联盟 $S_i\subseteq N\setminus i$，使得 $v(S_i)\neq 0$。于是，

$$v=\big(v-v(S_i)e_{S_i}\big)+v(S_i)e_{S_i}$$

一方面，由归纳假设，$\gamma_i(N,v-v(S_i)e_{S_i},\mathcal{L})$ 被定理 7.2 的三条公理唯一确定；另一方面，i 恰好是 $(N,v(S_i)e_{S_i})$ 的注销局中人。于是，由注销协变性，$\gamma_i(N,v,\mathcal{L})$ 被唯一确定。

(2) $i\in H(N,v)$。若 $|H(N,v)|=1$，则结合情况 (1) 及有效性可得 $\gamma_i(N,v,\mathcal{L})$。若 $|H(N,v)|>1$，则 $H(N,v)$ 将 $\lfloor S_{i_{k+1}}^{k+1}\rfloor$ 分成了如下两个不相交的子集：

$$\lfloor S_{i_{k+1}}^{k+1}\rfloor_1=\{S_t^k\in\mathcal{C}_k\mid S_t^k\cap H(N,v)\neq\varnothing\},$$

$$\lfloor S_{i_{k+1}}^{k+1}\rfloor_2=\{S_t^k\in\mathcal{C}_k\mid S_t^k\cap H(N,v)=\varnothing\}$$

首先，若 $i \in \cup\{S_t^k \in \mathcal{C}_k \mid S_t^k \cap H(N,v) = \varnothing\}$，则由情况 (1) 可知 $\gamma_i(N,v,\mathcal{L})$。其次，若 $i \in \cup\{S_t^k \in \mathcal{C}_k \mid S_t^k \cap H(N,v) \neq \varnothing\}$，则由于 $\lfloor S_{i_{k+1}}^{k+1} \rfloor_1$ 中的任何两个结构联盟均满足结构联盟对称性的条件，故由有效性、结构联盟对称性及情况 (1) 可得 $S_{i_k}^k$ 的集结收益 $\sum_{j \in S_{i_k}^k} \gamma_j(N,v,\mathcal{L})$。

一般地，对任意的 $l \in \{0,1,2,\cdots,k-1\}$，假设结构联盟 $S_{i_{l+1}}^{l+1}$ 的集结收益 $\sum_{j \in S_{i_{l+1}}^{l+1}} \gamma_j(N,v,\mathcal{L})$ 已知，则仿照上面的推理过程，$H(N,v)$ 可将 $\lfloor S_{i_{l+1}}^{l+1} \rfloor$ 分成如下两个不相交的子集：

$$\lfloor S_{i_{l+1}}^{l+1} \rfloor_1 = \{S_t^l \in \lfloor S_{i_{l+1}}^{l+1} \rfloor \mid S_t^l \cap H(N,v) \neq \varnothing\},$$

$$\lfloor S_{i_{l+1}}^{l+1} \rfloor_2 = \{S_t^l \in \lfloor S_{i_{l+1}}^{l+1} \rfloor \mid S_t^l \cap H(N,v) = \varnothing\}$$

若 $i \in \cup\{S_t^l \in \lfloor S_{i_{l+1}}^{l+1} \rfloor \mid S_t^l \cap H(N,v) = \varnothing\}$，则由情况 (1) 可知 $\gamma_i(N,v,\mathcal{L})$。若 $i \in \cup\{S_t^l \in \lfloor S_{i_{l+1}}^{l+1} \rfloor \mid S_t^l \cap H(N,v) \neq \varnothing\}$，则由于 $\lfloor S_{i_{l+1}}^{l+1} \rfloor_1$ 中的任何两个结构联盟均满足结构联盟对称性的条件，故由 $\sum_{j \in S_{i_{l+1}}^{l+1}} \gamma_j(N,v,\mathcal{L})$、结构联盟对称性及情况 (1) 可得 $S_{i_l}^l$ 的集结收益 $\sum_{j \in S_{i_l}^l} \gamma_j(N,v,\mathcal{L})$。特殊地，当 $l=0$ 时即得 i 的收益 $\gamma_i(N,v,\mathcal{L})$。 □

3. 单调性

定理 7.1建立在可加性基础上，定理 7.2则部分建立在可加性基础上，因而它们都不适用于小的层次结构合作博弈类，如简单层次结构合作博弈 (即特征函数取值仅为 0 或 1 的层次结构合作博弈)，因为这种层次结构合作博弈类对加法运算不封闭。下面将给出层次均分值的一个不建立在可加性基础上的公理化。

公理 7.3　弱结构联盟对称性：对任意的 $(N,v,\mathcal{L}) \in \mathcal{GL}^N$ 及 $S_t^{l+1} \in \mathcal{C}_{l+1}$，若 $\lfloor S_t^{l+1} \rfloor$ 中的结构联盟在 $(\mathcal{C}_l, v^l)$ 中都对称，则任取 $S_{t'}^l \in \lfloor S_t^{l+1} \rfloor$，都有

$$\sum_{i \in S_{t'}^l} \gamma_i(N,v,\mathcal{L}) = \frac{\sum_{i \in S_t^{l+1}} \gamma_i(N,v,\mathcal{L})}{|\lfloor S_t^{l+1} \rfloor|}$$

公理 7.4　联盟单调性：对任意的 $\{(N,u,\mathcal{L}),(N,v,\mathcal{L})\} \subseteq \mathcal{GL}^N$ 及 $i \in N$，若任取 $S \in \{T \in 2^N \mid i \in T\}$，都有 $u(S) \geqslant v(S)$，则

$$\gamma_i(N,u,\mathcal{L}) \geqslant \gamma_i(N,v,\mathcal{L})$$

弱结构联盟对称性要求当某一结构联盟的所有直接下属在对应商合作博弈中都是对称局中人时，他们拥有相同的集结收益。联盟单调性则要求当某个局中人增值，即他能为包含他的联盟带来更多价值时，其收益不能减少。它们分别是合作博弈值弱对称性及联盟单调性在层次结构情境下的修正。

定理 7.3 层次均分值是 $\mathcal{GL}^N$ 上唯一同时满足有效性、弱结构联盟对称性及联盟单调性的值。

证明： 由定理 7.1，层次均分值满足有效性。由于结构联盟对称性蕴含弱结构联盟对称性，因而由定理 7.1，层次均分值也满足弱结构联盟对称性。另外，由定义 7.1，层次均分值显然满足联盟单调性。下证 $\mathcal{GL}^N$ 上同时满足这三条公理的值是唯一的。

任取 $(N,v,\mathcal{L})\in\mathcal{GL}^N$ 及 $i\in N$。令 γ 是 $\mathcal{GL}^N$ 上同时满足定理 7.3 中三条公理的值。考虑合作博弈 (N,ω^i)，其中对任意的 $S\subseteq N$，有

$$\omega^i(S)=\begin{cases} v(N) & , \quad S=N \\ \min\limits_{T\subseteq N:i\in T} v(T) & , \quad 其他 \end{cases}$$

显然，任意两个隶属于同一个直接上级的结构联盟都是 (N,ω^i) 的对称局中人。于是，由有效性和弱结构联盟对称性，有

$$\gamma_i(N,\omega^i,\mathcal{L})=\frac{\omega^i(N)}{\prod\limits_{l=1}^{k+1}|\lfloor S_{i_l}^l\rfloor|}=\frac{v(N)}{\prod\limits_{l=1}^{k+1}|\lfloor S_{i_l}^l\rfloor|}$$

由于对任意的 $S\in\{T\in 2^N\mid i\in T\}$，都有 $v(S)\geqslant\omega^i(S)$，于是由联盟单调性，有

$$\gamma_i(N,v,\mathcal{L})\geqslant\frac{v(N)}{\prod\limits_{l=1}^{k+1}|\lfloor S_{i_l}^l\rfloor|}$$

由于 $i\in N$ 是任意的，从而

$$\sum_{j\in N}\gamma_j(N,v,\mathcal{L})\geqslant\sum_{j\in N}\frac{v(N)}{\prod\limits_{l=1}^{k+1}|\lfloor S_{j_l}^l\rfloor|}=v(N)$$

由有效性，$\gamma_i(N,v,\mathcal{L})$ 被唯一确定。 □

7.2 层次结构合作博弈的均分剩余值

7.2.1 层次均分剩余值的定义

在合作博弈理论中，均分剩余值经常与均分值先后出现。其中的一个主要原因是均分值和均分剩余值都是比较简单的合作博弈值，均分值是均分剩余值的重要基础。

均分剩余值致力于在全体局中人间均分全局联盟价值的剩余收益 (全局联盟价值与各局中人价值之和的差)，即对任意的 $(N,v)\in\mathcal{G}$ 及 $i\in N$，有

$$\mathrm{ESD}_i(N,v)=v(i)+\frac{v(N)-\sum_{j\in N}v(j)}{n}$$

由于均分值满足对称性，因而上式可改写成如下形式：

$$\mathrm{ESD}_i(N,v)=v(i)+\mathrm{ED}_i(N,\bar{v})$$

其中，对任意的 $S\subseteq N$，有

$$\bar{v}(S)=\begin{cases}v(N)-\sum\limits_{j\in N}v(j) & , \quad S=N\\ 0 & , \quad 其他\end{cases}$$

在层次结构情境下，均分剩余值也致力于均分全局联盟价值的剩余收益。但由于层次结构的影响，这种均分只能自顶向下逐层进行。

定义 7.2 对任意的 $(N,v,\mathcal{L})\in\mathcal{GL}$ 及 $i\in N$，i 在 $(N,v,\mathcal{L})$ 中的层次均分剩余值

$$\mathrm{LSESD}_i(N,v,\mathcal{L})=v(i)+\sum_{l=0}^{k}\frac{v(S_{i_{l+1}}^{l+1})-\sum_{S_t^l\in\lfloor S_{i_{l+1}}^{l+1}\rfloor}v(S_t^l)}{\prod\limits_{l'=1}^{l+1}|\lfloor S_{i_{l'}}^{l'}\rfloor|}\tag{7.1}$$

式 (7.1) 可解释为如下的多步分配过程：第一步，在 $\lfloor S_{i_{k+1}}^{k+1}\rfloor$ (即 $\mathcal{C}_k$) 间均分全局联盟价值的剩余收益，结构联盟 $S_{i_k}^k$ 可分得

$$v(S_{i_k}^k)+\frac{v(N)-\sum_{S_t^k\in\mathcal{C}_k}v(S_t^k)}{|\lfloor S_{i_{k+1}}^{k+1}\rfloor|}$$

第二步，在 $\lfloor S_{i_k}^k\rfloor$ 间均分 $S_{i_k}^k$ 在上一步所得的剩余收益，结构联盟 $S_{i_{k-1}}^{k-1}$ 可分得

$$\begin{aligned}&v(S_{i_{k-1}}^{k-1})+\frac{v(S_{i_k}^k)+\dfrac{v(N)-\sum_{S_t^k\in\mathcal{C}_k}v(S_t^k)}{|\lfloor S_{i_{k+1}}^{k+1}\rfloor|}-\sum_{S_t^{k-1}\in\lfloor S_{i_k}^k\rfloor}v(S_t^{k-1})}{|\lfloor S_{i_k}^k\rfloor|}\\&=v(S_{i_{k-1}}^{k-1})+\frac{v(S_{i_k}^k)-\sum_{S_t^{k-1}\in\lfloor S_{i_k}^k\rfloor}v(S_t^{k-1})}{|\lfloor S_{i_k}^k\rfloor|}+\frac{v(N)-\sum_{S_t^k\in\mathcal{C}_k}v(S_t^k)}{|\lfloor S_{i_{k+1}}^{k+1}\rfloor|\cdot|\lfloor S_{i_k}^k\rfloor|}\end{aligned}$$

重复上述过程直至 $\mathcal{C}_0$ 即得式 (7.1)。

7.2.2 层次均分剩余值的公理化刻画

合作博弈的均分剩余值仅取决于全局联盟价值及单个局中人价值，因此满足瓦解性。层次均分剩余值则取决于所有结构联盟价值，这其中不仅包括全局联盟和单个局中人，还包括部分中间结构联盟，因而层次均分剩余值不满足瓦解性。然而，对于层次结构中倒数第二层商合作博弈，瓦解性是成立的。

公理 7.5 平凡瓦解性：对任意的 $(N,v,\mathcal{L})\in\mathcal{GL}^N$，若 $S_t^k\in\mathcal{C}_k$ 是商合作博弈 $(\mathcal{C}_k,v^k)$ 的瓦解局中人，则 $\sum_{i\in S_t^k}\gamma_i(N,v,\mathcal{L})=v(S_t^k)$。

平凡瓦解性要求倒数第二层商合作博弈中瓦解局中人的集结收益等于自身价值。它是经典合作博弈值瓦解性在层次结构情境下的修正。

公理7.6 结构联盟外部均衡贡献性:对任意的 $(N,v,\mathcal{L})\in\mathcal{GL}$,$\{S_{t_1}^{l+1},S_{t_2}^{l+1}\}\subseteq\mathcal{C}_{l+1}$ 及 $\{S_{t'}^l,S_{t''}^l\}\subseteq\lfloor S_{t_1}^{l+1}\rfloor$，有

$$
\begin{aligned}
&\sum_{i\in S_{t'}^l}\gamma_i(N,v,\mathcal{L})-\sum_{i\in S_{t'}^l}\gamma_i(N\setminus S_{t_2}^{l+1},v,\mathcal{L})\\
=&\sum_{i\in S_{t''}^l}\gamma_i(N,v,\mathcal{L})-\sum_{i\in S_{t''}^l}\gamma_i(N\setminus S_{t_2}^{l+1},v,\mathcal{L})
\end{aligned}
$$

结构联盟外部均衡贡献性要求对于任何两个在层次结构中同层的结构联盟，其中一个退出全局联盟对另一个所有直接下属收益的影响都相同。它是联盟结构合作博弈值联盟内人口团结性在层次结构情境下的修正。

定理 7.4 层次均分剩余值是 $\mathcal{GL}$ 上唯一同时满足有效性、可加性、结构联盟对称性、平凡瓦解性和结构联盟外部均衡贡献性的值。

证明： 任取 $(N,v,\mathcal{L})\in\mathcal{GL}$ 及 $i\in N$。

存在性。由层次均分剩余值的定义，它显然满足可加性。由式 (7.1)，对任意的 $l\in\{0,1,\cdots,k\}$，都有

$$
\sum_{i\in S_{i_l}^l}\mathrm{LSESD}_i(N,v,\mathcal{L})=v(S_{i_l}^l)+\sum_{l'=l}^{k}\frac{v(S_{i_{l'+1}}^{l'+1})-\sum_{S_t^{l'}\in\lfloor S_{i_{l'+1}}^{l'+1}\rfloor}v(S_t^{l'})}{\prod\limits_{l''=1}^{l'-l+1}|\lfloor S_{i_{l+l''}}^{l+l''}\rfloor|}\tag{7.2}
$$

由 i 的任意性，结构联盟对称性及结构联盟外部均衡贡献性成立。特殊地，在式 (7.2) 中取 $l=k$，得

$$
\sum_{i\in S_{i_k}^k}\mathrm{LSESD}_i(N,v,\mathcal{L})=v(S_{i_k}^k)+\frac{v(N)-\sum_{S_t^k\in\mathcal{C}_k}v(S_t^k)}{|\mathcal{C}_k|}
$$

由 i 的任意性，平凡瓦解性成立。另外，

$$\begin{aligned}\sum_{j\in N}\mathrm{LSESD}_j(N,v,\mathcal{L}) &= \sum_{S_t^k\in\mathcal{C}_k}\sum_{i\in S_t^k}\mathrm{LSESD}_i(N,v,\mathcal{L})\\ &= \sum_{S_t^k\in\mathcal{C}_k}\left(v(S_{i_k}^k)+\frac{v(N)-\sum_{S_t^k\in\mathcal{C}_k}v(S_t^k)}{|\mathcal{C}_k|}\right)\\ &= v(N)\end{aligned}$$

有效性成立。

唯一性。假设 γ 是 $\mathcal{GL}$ 上同时满足定理 7.4 中五条公理的值。

首先，利用定理 3.5，由有效性、可加性、结构联盟对称性和平凡瓦解性可知对任意的 $S_t^k\in\mathcal{C}_k$，都有

$$\sum_{i\in S_t^k}\gamma_i(N,v,\mathcal{L})=\sum_{i\in S_t^k}\mathrm{LSESD}_i(N,v,\mathcal{L})$$

假设当 $l\geqslant l_0+1(0\leqslant l_0\leqslant k)$ 时，对任意的 $S_t^l\in\mathcal{C}_l$，都有

$$\sum_{i\in S_t^l}\gamma_i(N,v,\mathcal{L})=\sum_{i\in S_t^l}\mathrm{LSESD}_i(N,v,\mathcal{L}) \tag{7.3}$$

令 $l=l_0$。任取 $\{S_{t_1}^l,S_{t_2}^l\}\subseteq\mathcal{C}_l$ 及 $\{S_{t'}^{l-1},S_{t''}^{l-1}\}\subseteq\lfloor S_{t_1}^l\rfloor$，由结构联盟外部均衡贡献性，有

$$\begin{aligned}&\sum_{i\in S_{t'}^{l-1}}\gamma_i(N,v,\mathcal{L})-\sum_{i\in S_{t'}^{l-1}}\gamma_i(N\setminus S_{t_2}^l,v,\mathcal{L})\\ =&\sum_{i\in S_{t''}^{l-1}}\gamma_i(N,v,\mathcal{L})-\sum_{i\in S_{t''}^{l-1}}\gamma_i(N\setminus S_{t_2}^l,v,\mathcal{L})\end{aligned} \tag{7.4}$$

取 $S_{t_3}^l\in\mathcal{C}_l\setminus\{S_{t_1}^l,S_{t_2}^l\}$，对 $(N\setminus S_{t_2}^l,v,\mathcal{L})$ 再用结构联盟外部均衡贡献性，有

$$\begin{aligned}&\sum_{i\in S_{t'}^{l-1}}\gamma_i(N\setminus S_{t_2}^l,v,\mathcal{L})-\sum_{i\in S_{t'}^{l-1}}\gamma_i\big(N\setminus(S_{t_2}^l\cup S_{t_3}^l),v,\mathcal{L}\big)\\ =&\sum_{i\in S_{t''}^{l-1}}\gamma_i(N\setminus S_{t_2}^l,v,\mathcal{L})-\sum_{i\in S_{t''}^{l-1}}\gamma_i\big(N\setminus(S_{t_2}^l\cup S_{t_3}^l),v,\mathcal{L}\big)\end{aligned}$$

将上式加式 (7.4) 即得

$$\sum_{i\in S_{t'}^{l-1}}\gamma_i(N,v,\mathcal{L})-\sum_{i\in S_{t'}^{l-1}}\gamma_i\big(N\setminus(S_{t_2}^l\cup S_{t_3}^l),v,\mathcal{L}\big)$$

$$= \sum_{i \in S_{t''}^{l-1}} \gamma_i(N, v, \mathcal{L}) - \sum_{i \in S_{t''}^{l-1}} \gamma_i\big(N \setminus (S_{t_2}^l \cup S_{t_3}^l), v, \mathcal{L}\big)$$

重复上述过程直至 $\mathcal{C}_l \setminus S_{t_1}^l$ 中的结构联盟全部退出全局联盟 N，最终得到

$$\begin{aligned}&\sum_{i \in S_{t'}^{l-1}} \gamma_i(N, v, \mathcal{L}) - \sum_{i \in S_{t'}^{l-1}} \gamma_i(S_{t_1}^l, v, \mathcal{L}) \\ =& \sum_{i \in S_{t''}^{l-1}} \gamma_i(N, v, \mathcal{L}) - \sum_{i \in S_{t''}^{l-1}} \gamma_i(S_{t_1}^l, v, \mathcal{L})\end{aligned} \tag{7.5}$$

结合式 (7.3)，式 (7.5) 可变形为

$$\begin{aligned}&\sum_{i \in S_{t'}^{l-1}} \gamma_i(N, v, \mathcal{L}) - \sum_{i \in S_{t'}^{l-1}} \mathrm{LSESD}_i(S_{t_1}^l, v, \mathcal{L}) \\ =& \sum_{i \in S_{t''}^{l-1}} \gamma_i(N, v, \mathcal{L}) - \sum_{i \in S_{t''}^{l-1}} \mathrm{LSESD}_i(S_{t_1}^l, v, \mathcal{L})\end{aligned}$$

固定 $S_{t'}^{l-1}$，让 $S_{t''}^{l-1}$ 取遍 $\lfloor S_{t_1}^l \rfloor$ 并求和可得

$$\begin{aligned}&|\lfloor S_{t_1}^l \rfloor| \sum_{i \in S_{t'}^{l-1}} \gamma_i(N, v, \mathcal{L}) - |\lfloor S_{t_1}^l \rfloor| \sum_{i \in S_{t'}^{l-1}} \mathrm{LSESD}_i(S_{t_1}^l, v, \mathcal{L}) \\ =& \sum_{i \in S_{t_1}^l} \gamma_i(N, v, \mathcal{L}) - \sum_{i \in S_{t_1}^l} \mathrm{LSESD}_i(S_{t_1}^l, v, \mathcal{L})\end{aligned}$$

结合式 (7.3) 及有效性即得

$$\begin{aligned}&\sum_{i \in S_{t'}^{l-1}} \gamma_i(N, v, \mathcal{L}) \\ =& \sum_{i \in S_{t'}^{l-1}} \mathrm{LSESD}_i(S_{t_1}^l, v, \mathcal{L}) \\ &+ \frac{\sum_{i \in S_{t_1}^l} \mathrm{LSESD}_i(N, v, \mathcal{L}) - \sum_{i \in S_{t_1}^l} \mathrm{LSESD}_i(S_{t_1}^l, v, \mathcal{L})}{|\lfloor S_{t_1}^l \rfloor|} \\ =& \sum_{i \in S_{t'}^{l-1}} \mathrm{LSESD}_i(S_{t_1}^l, v, \mathcal{L}) + \frac{\sum_{i \in S_{t_1}^l} \mathrm{LSESD}_i(N, v, \mathcal{L}) - v(S_{t_1}^l)}{|\lfloor S_{t_1}^l \rfloor|} \\ =& v(S_{t'}^{l-1}) + \frac{\sum_{i \in S_{t_1}^l} \mathrm{LSESD}_i(N, v, \mathcal{L}) - \sum_{S_{t'''}^{l-1} \in \lfloor S_{t_1}^l \rfloor} v(S_{t'''}^{l-1})}{|\lfloor S_{t_1}^l \rfloor|}\end{aligned}$$

$$= \sum_{i \in S_{t'}^{l-1}} \mathrm{LSESD}_i(N, v, \mathcal{L})$$

由 $S_{t_1}^l$ 及 $S_{t'}^{l-1}$ 的任意性，对任意的 $S_t^{l-1} \in \mathcal{C}_{l-1}$，都有

$$\sum_{i \in S_t^{l-1}} \gamma_i(N, v, \mathcal{L}) = \sum_{i \in S_t^{l-1}} \mathrm{LSESD}_i(N, v, \mathcal{L})$$

特殊地，令 $l_0 = 0$ 即得 $\gamma = \mathrm{LSESD}$。 □

第 8 章　层次结构合作博弈的多步 Shapley 值和集体值

Winter 值完全基于边际贡献，因而用其进行收益分配会产生两极分化问题。层次均分值实现了绝对平等，但用其进行收益分配达不到该有的激励效果。层次均分剩余值兼顾了前两者的优点，却没有充分利用特征函数所提供的信息以实现分配公平。本章将提出两种新的层次结构合作博弈值，它们兼顾了 Winter 值和层次均分值的优点，且充分利用了特征函数所给出的信息。另外，当所考虑的层次结构只有三层时，这两种值依次退化为联盟结构合作博弈的两步 Shapley 值和集体值，因而称为多步 Shapley 值和层次集体值。

8.1　层次结构合作博弈的多步 Shapley 值

8.1.1　多步 Shapley 值的多步描述

与 Winter 值、层次均分值和层次均分剩余值类似，多步 Shapley 值也采用了自顶向下的分配过程。但与 Winter 值和层次均分值不同 (与层次均分剩余值类似) 的是，在将结构联盟的集结收益分配给其直接下属时，多步 Shapley 值将该收益分成了两个部分：结构联盟自身的价值及该价值的剩余。由于这两个部分有着不同的来源，因而多步 Shapley 值对这两部分区别对待。

定义 8.1　对任意的 $(N,v,\mathcal{L})\in\mathcal{GL}$ 及 $i\in N$，i 在 $(N,v,\mathcal{L})$ 中的多步 Shapley 值

$$\mathrm{MSh}_i(N,v,\mathcal{L})=\mathrm{Sh}_i(S_{i_1}^1,v)+\sum_{l=1}^{k}\frac{\mathrm{Sh}_{S_{i_l}^l}(\lfloor S_{i_{l+1}}^{l+1}\rfloor,v^l)-v(S_{i_l}^l)}{|S_{i_l}^l|}\tag{8.1}$$

多步 Shapley 值可解释为如下的多步分配过程：首先，用 Shapley 值在 $\mathcal{C}_k$ 间分配全局联盟价值 $v(N)$，并将各结构联盟的净收益 (其 Shapley 值减去自身价值) 平均分配给其包含的局中人；随后，用 Shapley 值在 $\mathcal{C}_k$ 中结构联盟的直接下属间分配其价值，各直接下属的净收益将在其包含的局中人间均分；依次类推，直到最底层。显然，当层次结构只有三层时，多步 Shapley 值退化为两步 Shapley 值。

相较于 Winter 值，多步 Shapley 值的分配过程中不用构造内部合作博弈，而只需考虑原合作博弈的子合作博弈，因而其计算更加简单方便。

例 8.1 考虑例 6.1 的层次结构。下面以局中人 2 为例，说明多步 Shapley 值的分配过程。

第一步：利用 Shapley 值在 $\mathcal{C}_2$ 间分配 $v(N)$，将结构联盟 $\{2,3,4\}$ 的净收益均分给其内部的局中人，局中人 2 将分得 $\big(\mathrm{Sh}_{\{2,3,4\}}(\mathcal{C}_2, v^2) - v(\{2,3,4\})\big)/3$。

第二步：利用 Shapley 值在 $\{2,3\}$ 和 $\{4\}$ 间分配 $\{2,3,4\}$ 的价值，将 $\{2,3\}$ 的净收益均分给其内部的局中人，局中人 2 将分得 $\big(\mathrm{Sh}_{\{2,3\}}(\lfloor\{2,3,4\}\rfloor, v^1) - v(\{2,3\})\big)/2$。

第三步：利用 Shapley 值在 $\{2\}$ 和 $\{3\}$ 间分配 $\{2,3\}$ 的价值，局中人 2 将分得 $\mathrm{Sh}_{\{2\}}(\lfloor\{2,3\}\rfloor, v^1)$。

第四步：计算局中人 2 的最终收益，即其多步 Shapley 值为

$$\begin{aligned}\mathrm{MSh}_2(N,v,\mathcal{L}) = \mathrm{Sh}_{\{2\}}(\lfloor\{2,3\}\rfloor, v^1) + \frac{\mathrm{Sh}_{\{2,3\}}(\lfloor\{2,3,4\}\rfloor, v^1) - v(\{2,3\})}{2} \\ + \frac{\mathrm{Sh}_{\{2,3,4\}}(\mathcal{C}_2, v^2) - v(\{2,3,4\})}{3}\end{aligned}$$

在合作博弈中，联盟价值往往意味着该联盟自成一体时所能创造的价值。基于这种考虑，在层次结构合作博弈中，任何结构联盟的集结收益都应该包含两个部分：其自身所能创造的价值及通过参与更大结构联盟而获得的额外收益 (净收益)。由于来源不同，在将集结收益分给结构联盟的直接下属时，对这两部分应该采用不同的处理方式。

(1) 结构联盟的价值来源于其直接下属间的分工合作，在分配时各直接下属会因贡献不同而具备不同的谈判能力。对这部分的分配应该注重效率，考虑其下属的边际贡献，由此 Shapley 值是一种比较合适的分配方法。

(2) 净收益来源于结构联盟的所有直接下属作为一个整体参与更大结构联盟，尽管在分配时各直接下属也具备不同的谈判能力，但此时这种不同仅体现在各下属所包含的局中人数量上。对这一部分的分配应该注重公平，依各直接下属所含的局中人数量按比例分配是一种比较好的分配方法。因此，联盟中所包含的局中人都会分得一样多。

多步 Shapley 值在净收益分配过程中利用均分值，而在价值分配过程中则利用 Shapley 值，因而它比均分值更注重分配的激励效应，比 Shapley 值更注重分配的公平性，是一种兼顾了效率和公平的分配方法。

8.1.2 多步 Shapley 值的联盟限制描述

一般地说，结盟形式可解释为对局中人间的交流或合作关系所做的限制。Myerson[152] 提出，在图结构中，两个局中人只有在联通的情况下才可相互交流。由此，Myerson 对任意图结构合作博弈定义了图限制合作博弈。图限制合作博弈是一个特殊的合作博弈，其中任意联盟的价值等于其所包含的联通分支在原合作

博弈中的价值之和。图结构合作博弈的 Myerson 值就是图限制合作博弈的 Shapley 值。类似于 Myerson，下面对任意层次结构合作博弈定义层次限制合作博弈，并由此给出多步 Shapley 值的一种等价定义。

层次结构 $\mathcal{L} \in \mathcal{L}^N$ 对局中人间交流的限制如下：

(1) 任意 $S_t^1 \in \mathcal{C}_1$ 内部的局中人间可以随意交流并创造整体价值；

(2) 对任意的 $S_t^{l+1} \in \mathcal{C}_{l+1}$，$\lfloor S_t^{l+1} \rfloor$ 中的结构联盟间可随意交流并创造整体价值；

(3) 其他任何情况下局中人及结构联盟间都无法随意交流，因而无法创造整体价值。

定义 8.2 任意 $(N, v, \mathcal{L}) \in \mathcal{GL}$ 的层次限制合作博弈是一合作博弈 $(N, v^{\mathcal{L}})$，其中对任意的 $S \subseteq N$，有

$$v^{\mathcal{L}}(S) = \begin{cases} v(\cup\{S_t^k \in \mathcal{C}_k \mid S_t^k \subseteq S\}) + \sum\limits_{S_t^k \in \mathcal{C}_k : S_t^k \not\subseteq S} v^{\mathcal{L}_{|S_t^k}}(S \cap S_t^k) & , \quad |\mathcal{L}| > 2 \\ v(S) & , \quad |\mathcal{L}| = 2 \end{cases}$$

显然，当存在 $S_t^1 \in \mathcal{C}_1$ 使得 $S \subseteq S_t^1$ 时，有 $v^{\mathcal{L}}(S) = v(S)$。

层次限制合作博弈对局中人间的结盟关系施加了如下限制：只有在层次结构中地位对等的两个结构联盟间可以交流，进而创造整体价值。

例 8.2 考虑例 6.1 的层次结构，下面将求出 $v^{\mathcal{L}}(1)$ 及 $v^{\mathcal{L}}(\{1,2\})$。

(1) 由于 $\{1\} \in \mathcal{C}_1$，故 $v^{\mathcal{L}}(1) = v(1)$。

(2) 第一步：由于 $\{1\} \subseteq \{1,2\}$，但 $\{2,3,4\} \not\subseteq \{1,2\}$，故

$$v^{\mathcal{L}}(\{1,2\}) = v(1) + v^{\mathcal{L}_{|\{2,3,4\}}}(2)$$

第二步：记 $\mathcal{L}_{|\{2,3,4\}} = \{\mathcal{C}_0', \mathcal{C}_1', \mathcal{C}_2'\}$，其中

$$\mathcal{C}_0' = \{\{2\},\{3\},\{4\}\}, \mathcal{C}_1' = \{\{2,3\},\{4\}\}, \mathcal{C}_2' = \{\{2,3,4\}\}$$

由于 $\{2\} \subseteq \{2,3\} \in \mathcal{C}_1'$，故

$$v^{\mathcal{L}_{|\{2,3,4\}}}(2) = v(2)$$

第三步：$v^{\mathcal{L}}(\{1,2\}) = v(1) + v(2)$。

对任意的 $(N, v, \mathcal{L}) \in \mathcal{GL}$，记 $(N, v^{\mathcal{L}})$ 的非无效局中人集为 T，$\mathcal{L}$ 中包含 T 的最小结构联盟为 S_t^l，则多步 Shapley 值等于层次限制合作博弈的加权 Shapley 值。

定理 8.1　对任意的 $(N,v,\mathcal{L})\in\mathcal{GL}$ 及 $i\in N$，都有

$$\mathrm{MSh}_i(N,v,\mathcal{L})=\mathrm{Sh}_i^{\omega}(N,v^{\mathcal{L}})$$

其中，当 $l=0$ 或 1 时，$\omega_i=1/|S_{i_1}^1|$；否则 $\omega_i=1/|S_{i_{l-1}}^{l-1}|$。

证明：由于 Shapley 值满足可加性，故由式 (8.1)，多步 Shapley 值也满足可加性。于是，下面只需证对任意的 $T\in 2^N\setminus\varnothing$ 及 $c\in\mathbb{R}$，有

$$\mathrm{MSh}_i(N,cu_T,\mathcal{L})=\mathrm{Sh}_i^{\omega}\big(N,(cu_T)^{\mathcal{L}}\big)$$

任取 $T\in 2^N\setminus\varnothing$ 及 $c\in\mathbb{R}$。

(1) 存在 $S_t^1\in\mathcal{C}_1$，使得 $T\subseteq S_t^1$。此时 $(cu_T)^{\mathcal{L}}=cu_T$。

(1a) 对任意的局中人 $i\in N$，若 $i\in T$，则

$$\mathrm{Sh}_i^{\omega}\big(N,(cu_T)^{\mathcal{L}}\big)=\frac{c\omega_i}{\sum_{j\in T}\omega_j}=\frac{c/|S_{i_1}^1|}{\sum_{j\in T}1/|S_{i_1}^1|}=\frac{c}{|T|}$$

若 $i\notin T$，则 $\mathrm{Sh}_i^{\omega}\big(N,(cu_T)^{\mathcal{L}}\big)=0$。

(1b) 对任意的 $S_t^l\in\mathcal{C}_l$，记 $\mathcal{C}_{l+1}$ 中包含它的结构联盟为 $S_{t'}^{l+1}$。则

$$\mathrm{Sh}_{S_t^l}\big(\lfloor S_{t'}^{l+1}\rfloor,(cu_T)^l\big)=cu_T(S_t^l)=\begin{cases}0\ , & T\nsubseteq S_t^l\\ c\ , & T\subseteq S_t^l\end{cases}$$

从而对任意的 $i\in N$，有

$$\mathrm{MSh}_i(N,cu_T,\mathcal{L})=\mathrm{Sh}_i(S_{i_1}^1,cu_T)=\begin{cases}c/|T|\ , & i\in T\\ 0\ , & i\notin T\end{cases}$$

(2) T 与 $\mathcal{C}_1$ 中至少两个结构联盟有非空的交集。记

$$l_0=\min\big\{l\in\{2,3,\cdots,k+1\}\mid T\subseteq S_t^l\in\mathcal{C}_l\big\}$$

即 $S_{t_0}^{l_0}\in\mathcal{C}_{l_0}$ 为 $\mathcal{L}$ 中包含 T 的最小结构联盟。记

$$D=\cup\{S_t^{l_0-1}\in\lfloor S_{t_0}^{l_0}\rfloor\mid S_t^{l_0-1}\cap T\neq\varnothing\}$$

即 D 为由 $S_{t_0}^{l_0}$ 的直接下属所形成的 T 的最小覆盖。记

$$d=|\{S_t^{l_0-1}\in\mathcal{C}_{l_0-1}\mid S_t^{l_0-1}\subseteq D\}|$$

即 d 为 $\mathcal{C}_{l_0-1}$ 中包含于 D 的结构联盟数。则 $\big(N,(u_T)^{\mathcal{L}}\big)$ 等价于 (N,cu_D)。

(2a) 对任意的局中人 $i\in N$，若 $i\in D$，则

$$\mathrm{Sh}_i^{\omega}\big(N,(cu_T)^{\mathcal{L}}\big)=\frac{c/|S_{i_{l_0-1}}^{l_0-1}|}{\sum_{j\in D}1/|S_{j_{l_0-1}}^{l_0-1}|}=\frac{c}{d\cdot|S_{i_{l_0-1}}^{l_0-1}|}$$

若 $i\notin D$，则 $\mathrm{Sh}_i^{\omega}\big(N,(cu_T)^{\mathcal{L}}\big)=0$。

(2b) 对任意的局中人 $i\in N$，都有 $\mathrm{Sh}_i(S_{i_1}^1,cu_T)=0$，故

$$\mathrm{MSh}_i(N,cu_T,\mathcal{L})=\sum_{l=1}^{k}\frac{\mathrm{Sh}_{S_{i_l}^l}\big(\lfloor S_{i_{l+1}}^{l+1}\rfloor,(cu_T)^l\big)-cu_T(S_{i_l}^l)}{|S_{i_l}^l|}$$

而当 $l\geqslant l_0$ 时，

$$\mathrm{Sh}_{S_t^l}\big(\lfloor S_{t'}^{l+1}\rfloor,(cu_T)^l\big)=cu_T(S_t^l)=\begin{cases}0 & , \quad S_{t_0}^{l_0}\nsubseteq S_t^l\\ c & , \quad S_{t_0}^{l_0}\subseteq S_t^l\end{cases}$$

当 $l<l_0-1$ 时，$\mathrm{Sh}_{S_t^l}\big(\lfloor S_{t'}^{l+1}\rfloor,(cu_T)^l\big)=cu_T(S_t^l)=0$。从而

$$\mathrm{MSh}_i(N,cu_T,\mathcal{L})=\frac{\mathrm{Sh}_{S_{i_{l_0-1}}^{l_0-1}}\big(\lfloor S_{i_{l_0}}^{l_0}\rfloor,(cu_T)^{l_0-1}\big)-cu_T(S_{i_{l_0-1}}^{l_0-1})}{|S_{i_{l_0-1}}^{l_0-1}|}$$

若 $i\in D$，则

$$\mathrm{MSh}_i(N,cu_T,\mathcal{L})=\frac{c}{d}\Big/|S_{i_{l_0-1}}^{l_0-1}|=\frac{c}{d\cdot|S_{i_{l_0-1}}^{l_0-1}|}$$

若 $i\notin D$，则 $\mathrm{MSh}_i(N,cu_T,\mathcal{L})=0$。 □

8.1.3 多步 Shapley 值的公理化刻画

下面给出多步 Shapley 值的一个公理化刻画。它涉及经典合作博弈值的对称性和无效性的扩展。

公理 8.1 受限联盟内对称性：对任意的 $(N,v,\mathcal{L})\in\mathcal{GL}^N$ 及 $S_t^{l+1}\in\mathcal{C}_{l+1}$，若 $\{S_{t_1}^l,S_{t_2}^l\}\subseteq\lfloor S_t^{l+1}\rfloor$ 是 $(\lfloor S_t^{l+1}\rfloor,v^l)$ 的对称局中人，则

$$\sum_{i\in S_{t_1}^l}\gamma_i(N,v,\mathcal{L})=\sum_{i\in S_{t_2}^l}\gamma_i(N,v,\mathcal{L})$$

受限联盟内对称性要求两个在层次结构及相对于其直接上层结构联盟在特征函数中地位均对等的结构联盟拥有相同的集结收益。两个结构联盟相对于其直接上层结构联盟在特征函数中地位对等，则是指将对应层商合作博弈限制在其直接上层结构联盟上时，他们是对称局中人。由于受限联盟内对称性仅要求两个在层次结构中地位对等的结构联盟在对应层商合作博弈的限制中地位对等，因而其条件较结构联盟对称性弱。另外，受限联盟内对称性还是联盟结构合作博弈值受限联盟内对称性在层次结构情境下的扩展。

公理 8.2　联盟无效性：对任意的 $(N,v,\mathcal{L})\in\mathcal{GL}^N$ 及 $S_t^l\in\mathcal{C}_l$，若 S_t^l 是 $(\mathcal{C}_l,v^l)$ 的无效局中人，且其所有上级在对应层商合作博弈中都是哑局中人，则

$$
\begin{aligned}
&\sum_{i\in S_t^l}\gamma_i(N,v,\mathcal{L})\\
&=\begin{cases}0 &, \quad l=k-1,k\\ |S_t^l|\left(\displaystyle\sum_{l'=l+2}^{k}\mathrm{Sh}_{S_{h_{l'}}^{l'}}(\lfloor S_{h_{l'+1}}^{l'+1}\rfloor,v^{l'})-v(S_{h_{l'}}^{l'})\right)/|S_{h_{l'}}^{l'}| &, \quad 其他\end{cases}
\end{aligned}
$$

联盟无效性要求当某个结构联盟的直接上级在对应层商合作博弈中为哑局中人，并且该结构联盟自身在对应层商合作博弈中为无效局中人时，其集结收益仅取决于其直接上级的上级的净收益分配给他的部分。显然，它是联盟结构合作博弈值的联盟无效性在层次结构情境下的扩展。

定理 8.2　多步 Shapley 值是 $\mathcal{GL}^N$ 上唯一同时满足有效性、可加性、受限联盟内对称性及联盟无效性的值。

证明： 任取 $(N,v,\mathcal{L})\in\mathcal{GL}^N$。

存在性。由式 (8.1) 及 Shapley 值的可加性，多步 Shapley 值也满足可加性。其次，对任意的 $S_t^l\in\mathcal{C}_l$，有

$$
\begin{aligned}
&\sum_{i\in S_t^l}\mathrm{MSh}_i(N,v,\mathcal{L})\\
&=\mathrm{Sh}_{S_t^l}(\lfloor S_{h_{l+1}}^{l+1}\rfloor,v^l)+|S_t^l|\sum_{l'=l+1}^{k}\frac{\mathrm{Sh}_{S_{h_{l'}}^{l'}}(\lfloor S_{h_{l'+1}}^{l'+1}\rfloor,v^{l'})-v(S_{h_{l'}}^{l'})}{|S_{h_{l'}}^{l'}|}
\end{aligned}
$$

其中，$S_{h_{l'}}^{l'}$ 表示 $\mathcal{C}_{l'}(l'\geqslant l+1)$ 中包含 S_t^l 的结构联盟。特殊地, 取 $l=k$ 并结合 Shapley 值的有效性即得多步 Shapley 值满足有效性。另外，由于 Shapley 值满足对称性、无效性和哑元性，从而多步 Shapley 值满足受限联盟内对称性和联盟无效性。

唯一性。令 γ 为 $\mathcal{GL}^N$ 上同时满足定理 8.2 中四条公理的值，下证 $\gamma=\mathrm{MSh}$。由可加性，下面只需证对任意的 $T\in 2^N\setminus\varnothing$ 及 $c\in\mathbb{R}$，有

$$\gamma(N,cu_T,\mathcal{L})=\mathrm{MSh}(N,cu_T,\mathcal{L})$$

任取 $T\in 2^N\setminus\varnothing$，$c\in\mathbb{R}$ 及 $S_t^l\in\mathcal{C}_l$。

(1) $l=k+1$。此时，$\mathcal{C}_{k+1}$ 中只有一个联盟，由有效性，有

$$\sum_{i\in S_t^l}\gamma_i(N,cu_T,\mathcal{L})=\sum_{i\in S_t^l}\mathrm{MSh}_i(N,cu_T,\mathcal{L})=c$$

(2) $l=k$。记 $D=\left\{S_t^k\in\mathcal{C}_k\mid S_t^k\cap T\neq\varnothing\right\}$。则此时商合作博弈 $\left(\mathcal{C}_k,(u_T)^k\right)$ 等价于 $\mathcal{C}_k$ 上的 D-一致合作博弈。于是，由有效性、联盟内部对称性和联盟无效性，对任意的 $S_t^k\in\mathcal{C}_k$，有

$$\sum_{i\in S_t^k}\gamma_i(N,cu_T,\mathcal{L})=\sum_{i\in S_t^k}\mathrm{MSh}_i(N,cu_T,\mathcal{L})=\begin{cases}0 & , \quad S_t^k\notin D\\ c/|D| & , \quad S_t^k\in D\end{cases}$$

(3) 假设 $l=l'(0\leqslant l'\leqslant k)$ 时，对任意的 $S_t^l\in\mathcal{C}_l$，都有

$$\sum_{i\in S_t^l}\gamma_i(N,cu_T,\mathcal{L})=\sum_{i\in S_t^l}\mathrm{MSh}_i(N,cu_T,\mathcal{L})$$

成立。下证 $l=l'-1$ 时的情形。

(4) 记 $\mathcal{C}_{l+1}$ 中包含 S_t^l 的联盟为 $S_{t'}^{l+1}$。

(4a) $S_{t'}^{l+1}\cap T=\varnothing$ 或 $S_{t'}^{l+1}\cap T\neq\varnothing$ 且 $|\{S_{t''}^{l+1}\in\mathcal{C}_{l+1}\mid S_{t''}^{l+1}\cap T\}|\geqslant 2$。则由归纳假设及联盟内部对称性，有

$$\begin{aligned}\sum_{i\in S_t^l}\gamma_i(N,cu_T,\mathcal{L})&=\frac{\sum_{i\in S_{t'}^{l+1}}\gamma_i(N,cu_T,\mathcal{L})}{|\lfloor S_{t'}^{l+1}\rfloor|}\\&=\frac{\sum_{i\in S_{t'}^{l+1}}\mathrm{MSh}_i(N,cu_T,\mathcal{L})}{|\lfloor S_{t'}^{l+1}\rfloor|}=\sum_{i\in S_t^l}\mathrm{MSh}_i(N,cu_T,\mathcal{L})\end{aligned}$$

(4b) $S_{t'}^{l+1}\cap T\neq\varnothing$ 且 $|\{S_{t'}^{l+1}\mid S_{t'}^{l+1}\cap T\}|=1$。若 $S_t^l\cap T=\varnothing$，则 S_t^l 满足结构联盟无效性的条件，从而由结构联盟无效性，有

$$\sum_{i\in S_t^l}\gamma_i(N,cu_T,\mathcal{L})$$

$$
\begin{aligned}
&= \sum_{i \in S_t^l} \mathrm{MSh}_i(N, cu_T, \mathcal{L}) \\
&= \begin{cases} 0 & , \ l = k-1, k \\ |S_t^l| \left(\displaystyle\sum_{l'=l+2}^{k} \mathrm{Sh}_{S_{h_{l'}}^{l'}} \left(\lfloor S_{h_{l'+1}}^{l'+1} \rfloor, (cu_T)^{l'} \right) - cu_T(S_{h_{l'}}^{l'}) \right) / |S_{h_{l'}}^{l'}| & , \ 其他 \end{cases}
\end{aligned}
$$

若 $S_t^l \cap T \neq \varnothing$，则由归纳假设及结构联盟内部对称性，有

$$
\sum_{i \in S_t^l} \gamma_i(N, cu_T, \mathcal{L}) = \sum_{i \in S_t^l} \mathrm{MSh}_i(N, cu_T, \mathcal{L}) = \frac{\sum_{i \in S_{t'}^{l+1}} \mathrm{MSh}_i(N, cu_T, \mathcal{L})}{|\{S_{t''}^l \in \lfloor S_{t'}^{l+1} \rfloor \mid S_{t''}^l \cap T \neq \varnothing\}|}
$$

特殊地，当 $l = 0$ 时即得 $\gamma = \mathrm{MSh}$。□

8.2　层次结构合作博弈的集体值

8.2.1　层次集体值的定义

多步 Shapley 值利用 Shapley 值在结构联盟的直接下属间分配结构联盟价值，在此过程中没有考虑各直接下属的规模。在结构联盟的收益不仅与其边际贡献有关，还与其规模有关的场合有关，利用多步 Shapley 值来进行收益分配是不合理的。本节将给出另一种层次结构合作博弈值，与多步 Shapley 值不同，它利用加权 Shapley 值来在结构联盟的直接下属间分配结构联盟价值。

定义 8.3　对任意的 $(N, v, \mathcal{L}) \in \mathcal{GL}$ 及 $i \in N$，i 在 $(N, v, \mathcal{L})$ 中的层次集体值

$$
\mathrm{LSCo}_i(N, v, \mathcal{L}) = \mathrm{Sh}_i(S_{i_1}^1, v) + \sum_{l=1}^{k} \frac{\mathrm{Sh}_{S_{i_l}^l}^{\omega}(\lfloor S_{i_{l+1}}^{l+1} \rfloor, v^l) - v(S_{i_l}^l)}{|S_{i_l}^l|} \tag{8.2}
$$

其中，对任意的 $S_t^l \in \mathcal{C}_l$，$\omega_{S_t^l} = |S_t^l|$。

层次集体值可解释为如下多步分配过程：首先利用加权 Shapley 值在 $\mathcal{C}_k$ 间分配全局联盟价值 $v(N)$，各结构联盟的权重为其包含的局中人个数 (下同)；其次将各结构联盟的净收益 (其加权 Shapley 值减去自身价值) 平均分配给其包含的局中人，而结构联盟的价值则仍利用加权 Shapley 值在其直接下属间进行分配；然后各直接下属的净收益将在其包含的局中人间平均分配，而其自身的价值则仍利用加权 Shapley 值在其直接下属间进行分配。最后，由于此时所有结构联盟均只包含单个的局中人，各局中人将获得其最终收益。

例 8.3　考虑例 6.1 中的层次结构。下面以局中人 2 为例，说明层次集体值的分配过程。

第一步：利用加权 Shapley 值在 $\mathcal{C}_2$ 间分配 $v(N)$，将 $\{2,3,4\}$ 的净收益均分给其内部的局中人，局中人 2 将分得 $\big(\mathrm{Sh}^{\omega}_{\{2,3,4\}}(\mathcal{C}_2, v^2) - v(\{2,3,4\})\big)/3$。

第二步：利用加权 Shapley 值在 $\{2,3\}$ 和 $\{4\}$ 间分配 $v(\{2,3,4\})$，将 $\{2,3\}$ 的净收益均分给 2 和 3，局中人 2 将分得 $\big(\mathrm{Sh}^{\omega}_{\{2,3\}}(\lfloor\{2,3,4\}\rfloor, v^1) - v(\{2,3\})\big)/2$。

第三步：利用加权 Shapley 值或 Shapley 值在 $\{2\}$ 和 $\{3\}$ 间分配 $\{2,3\}$ 的价值，局中人 2 将分得 $\mathrm{Sh}^{\omega}_{\{2\}}(\lfloor\{2,3\}\rfloor, v)$。

第四步：计算局中人 2 的最终所得，即

$$\mathrm{LSCo}_2(N,v,\mathcal{L}) = \mathrm{Sh}^{\omega}_{\{2\}}(\lfloor\{2,3\}\rfloor, v) + \frac{\mathrm{Sh}^{\omega}_{\{2,3\}}(\lfloor\{2,3,4\}\rfloor, v^1) - v(\{2,3\})}{2} + \frac{\mathrm{Sh}^{\omega}_{\{2,3,4\}}(\mathcal{C}_2, v^2) - v(\{2,3,4\})}{3}$$

在第三步，由于 $(\{2,3\}, v)$ 中每个局中人权重都为 1，因而用 Shapley 值和加权 Shapley 值结果相同。同理，式 (8.2) 中，Shapley 值也可换成加权 Shapley 值。另外，在层次结构合作博弈 ζ 值[153] 的多步分配过程中，其最后一步也可做这种调换。

由于在分配过程中不仅对结构联盟价值及净收益采用了不同的处理方法，还考虑了各直接下属的规模，因而层次集体值比较容易为局中人接受。不仅如此，它在净收益分配过程中利用均分值，在价值分配过程中则利用加权 Shapley 值，兼顾了效率和公平，是一种比较公平合理的分配方法。

8.2.2 层次集体值的联盟限制描述

层次集体值等价于层次限制合作博弈的 Shapley 值，而非加权 Shapley 值。

定理 8.3 对任意的 $(N,v,\mathcal{L}) \in \mathcal{GL}$ 及 $i \in N$，都有

$$\mathrm{LSCo}_i(N,v,\mathcal{L}) = \mathrm{Sh}_i(N, v^{\mathcal{L}})$$

证明：由于 Shapley 值及层次集体值都满足可加性[19]，下面只需证对任意的 $E \in 2^N \setminus \varnothing$ 及 $c \in \mathbb{R}$，有

$$\mathrm{LSCo}_i(N, cu_E, \mathcal{L}) = \mathrm{Sh}_i\big(N, (cu_E)^{\mathcal{L}}\big)$$

任取 $E \in 2^N \setminus \varnothing$ 及 $c \in \mathbb{R}$。

(1) 存在 $S^1_t \in \mathcal{C}_1$，使得 $E \subseteq S^1_t$。此时 $(cu_E)^{\mathcal{L}} = cu_E$。于是，对任意的局中人 $i \in N$，有

$$\mathrm{Sh}_i\big(N, (cu_E)^{\mathcal{L}}\big) = \begin{cases} c/|E| \quad , & i \in E \\ 0 \quad , & \text{其他} \end{cases}$$

另外，对任意的 $S_t^l \in \mathcal{C}_l(2 \leqslant l \leqslant k+1)$，记 $\mathcal{C}_{l+1}$ 中包含它的联盟为 $S_{t'}^{l+1}$，则

$$\mathrm{Sh}^{\omega}_{S_t^l}\left(\lfloor S_{t'}^{l+1} \rfloor, (cu_E)^l\right) = cu_E(S_t^l) = \begin{cases} 0 \quad , & E \nsubseteq S_t^l \\ c \quad , & E \subseteq S_t^l \end{cases}$$

从而对任意的 $i \in N$，有

$$\mathrm{LSCo}_i(N, cu_E, \mathcal{L}) = \mathrm{Sh}_i(S_{i_1}^1, cu_E) = \begin{cases} c/|E| \quad , & i \in E \\ 0 \quad , & \text{其他} \end{cases}$$

(2) E 与 $\mathcal{C}_1$ 中至少两个联盟有非空的交集。记

$$l_0 = \min\left\{l \in \{2, 3, \cdots, k+1\} \mid E \subseteq S_t^l \in \mathcal{C}_l\right\}$$

并记 $S_{t_0}^{l_0}$ 为 $\mathcal{L}$ 中包含 E 的最小结构联盟。记

$$D = \bigcup_{S_t^{l_0-1} \in \lfloor S_{t_0}^{l_0} \rfloor : S_t^{l_0-1} \cap E \neq \varnothing} S_t^{l_0-1}$$

即 D 为由 $S_{t_0}^{l_0}$ 的直接下属所形成的 E 的最小覆盖。则容易验证 $\left(N, (cu_E)^{\mathcal{L}}\right)$ 等价于一致合作博弈 (N, cu_D)。于是，对任意的局中人 $i \in N$，有

$$\mathrm{Sh}_i\left(N, (cu_E)^{\mathcal{L}}\right) = \begin{cases} c/|D| \quad , & i \in E \\ 0 \quad , & \text{其他} \end{cases}$$

另外，对任意的 $i \in N$，都有 $\mathrm{Sh}_i(S_{i_1}^1, cu_E) = 0$，故

$$\mathrm{LSCo}_i(N, cu_E, \mathcal{L}) = \sum_{l=1}^{k} \frac{\mathrm{Sh}^{\omega}_{S_{i_l}^l}\left(\lfloor S_{i_{l+1}}^{l+1} \rfloor, (cu_E)^l\right) - cu_E(S_{i_l}^l)}{|S_{i_l}^l|}$$

当 $l \geqslant l_0$ 时，

$$\mathrm{Sh}^{\omega}_{S_t^l}\left(\lfloor S_{t'}^{l+1} \rfloor, (cu_E)^l\right) = cu_E(S_t^l) = \begin{cases} 0 \quad , & S_{t_0}^{l_0} \nsubseteq S_t^l \\ c \quad , & S_{t_0}^{l_0} \subseteq S_t^l \end{cases}$$

当 $l < l_0 - 1$ 时，

$$\mathrm{Sh}^{\omega}_{S_t^l}\left(\lfloor S_{t'}^{l+1} \rfloor, (cu_E)^l\right) = cu_E(S_t^l) = 0$$

从而

$$\mathrm{LSCo}_i(N, cu_E, \mathcal{L}) = \frac{\mathrm{Sh}^{\omega}_{S^{l_0-1}_{i_{l_0-1}}}\left(\lfloor S^{l_0}_{i_{l_0}} \rfloor, (cu_E)^{l_0-1}\right) - cu_E(S^{l_0-1}_{i_{l_0-1}})}{|S^{l_0-1}_{i_{l_0-1}}|}$$

若 $i \in D$，则

$$\mathrm{LSCo}_i(N, cu_E, \mathcal{L}) = \frac{c|S^{l_0-1}_{i_{l_0-1}}|}{\sum_{S^{l_0-1}_t \subseteq D} |S^{l_0-1}_t|} \Big/ |S^{l_0-1}_{i_{l_0-1}}| = c/|D|$$

若 $i \notin D$，则 $\mathrm{LSCo}_i(N, cu_E, \mathcal{L}) = 0$。 □

8.2.3 层次集体值的公理化刻画

下面给出层次集体值的一个公理化刻画。除了有效性，这一工作将涉及加权均衡贡献性[65] 的一个扩展与修正。加权均衡贡献性要求任何局中人对另一个局中人收益的单位权重贡献相同。即给定 $\mathcal{G}^N$ 上的值 φ，若对任意的 $(N, v) \in \mathcal{G}^N$，$\omega \in \mathbb{R}^N_{++}$ 及 $\{i, j\} \subseteq N$，都有

$$\frac{\varphi_i(N, v) - \varphi_i(N \setminus j, v)}{\omega_i} = \frac{\varphi_j(N, v) - \varphi_j(N \setminus i, v)}{\omega_j}$$

则称 φ 满足加权均衡贡献性。加权 Shapley 值满足加权均衡贡献性[65]。

由于层次结构的影响，层次集体值一般不满足加权均衡贡献性。但是，当所考虑的对象为层次结构中倒数第二层联盟结构中的结构联盟时，它满足加权均衡边际贡献性。

公理 8.3 平凡加权均衡贡献性：对任意的 $(N, v, \mathcal{L}) \in \mathcal{GL}$ 及 $\{S^k_{t_1}, S^k_{t_2}\} \subseteq \mathcal{C}_k$，

$$\begin{aligned} &\frac{\sum_{i \in S^k_{t_1}} \gamma_i(N, v, \mathcal{L}) - \sum_{i \in S^k_{t_1}} \gamma_i(N \setminus S^k_{t_2}, v, \mathcal{L})}{|S^k_{t_1}|} \\ = &\frac{\sum_{i \in S^k_{t_2}} \gamma_i(N, v, \mathcal{L}) - \sum_{i \in S^k_{t_2}} \gamma_i(N \setminus S^k_{t_1}, v, \mathcal{L})}{|S^k_{t_2}|} \end{aligned}$$

平凡加权均衡贡献性刻画了层次结构中倒数第二层联盟结构中结构联盟集结收益的特点，即对任何两个这样的结构联盟，其中一个对另一个集结收益影响的人均值是相同的。它是加权联盟均衡贡献性[153] 的特殊情况。

对于层次结构中非倒数一、二层联盟结构中的结构联盟，由于其集结收益不仅取决于加权 Shapley 值，还取决于均分值，因此此时它不满足加权均衡贡献性，而满足另一个与加权均衡贡献性类似的公理。

公理 8.4　层次集体均衡贡献性：对任意的 $(N,v,\mathcal{L})\in\mathcal{GL}$，任取 $\mathcal{C}_{l_0+1}$ 中隶属于同一直接上级的结构联盟 $S_{t_1'}^{l_0+1}$ 和 $S_{t_2'}^{l_0+1}$，$S_{t_1}^{l_0}\in\lfloor S_{t_1'}^{l_0+1}\rfloor$ 及 $S_{t_2}^{l_0}\in\lfloor S_{t_2'}^{l_0+1}\rfloor$，都有

$$\begin{aligned}
&\frac{\sum_{i\in S_{t_1}^{l_0}}\gamma_i(N,v,\mathcal{L})-\sum_{i\in S_{t_1}^{l_0}}\gamma_i(N\setminus S_{t_2'}^{l_0+1},v,\mathcal{L})}{|S_{t_1}^{l_0}|}\\
&-\sum_{l=l_0+2}^{k}\frac{\mathrm{Sh}_{S_{h_l}^{l}}^{\omega}(\lfloor S_{h_{l+1}}^{l+1}\rfloor,v^l)-v(S_{h_l}^{l})}{|S_{h_l}^{l}|}\\
&+\sum_{l=l_0+2}^{k}\frac{\mathrm{Sh}_{S_{h_l}^{l}\setminus S_{t_2'}^{l_0+1}}^{\omega}(\lfloor S_{h_{l+1}}^{l+1}\setminus S_{t_2'}^{l_0+1}\rfloor,v^l)-v(S_{h_l}^{l}\setminus S_{t_2'}^{l_0+1})}{|S_{h_l}^{l}\setminus S_{t_2'}^{l_0+1}|}\\
=&\frac{\sum_{i\in S_{t_2}^{l_0}}\gamma_i(N,v,\mathcal{L})-\sum_{i\in S_{t_2}^{l_0}}\gamma_i(N\setminus S_{t_1'}^{l_0+1},v,\mathcal{L})}{|S_{t_2}^{l_0}|}\\
&-\sum_{l=l_0+2}^{k}\frac{\mathrm{Sh}_{S_{h_l}^{l}}^{\omega}(\lfloor S_{h_{l+1}}^{l+1}\rfloor,v^l)-v(S_{h_l}^{l})}{|S_{h_l}^{l}|}\\
&+\sum_{l=l_0+2}^{k}\frac{\mathrm{Sh}_{S_{h_l}^{l}\setminus S_{t_1'}^{l_0+1}}^{\omega}(\lfloor S_{h_{l+1}}^{l+1}\setminus S_{t_1'}^{l_0+1}\rfloor,v^l)-v(S_{h_l}^{l}\setminus S_{t_1'}^{l_0+1})}{|S_{h_l}^{l}\setminus S_{t_1'}^{l_0+1}|}
\end{aligned}$$

任意层次结构中倒数第二层以下联盟结构中的结构联盟集结收益都包含两个部分：自身价值及上级净收益分配给它的部分。给定两个这样的结构联盟，若它们在层次结构中地位对等，则其中一个退出全局联盟必然对另一个的人均收益产生影响。层次集体均衡贡献性要求其中“价值”部分的人均影响相同。

定理 8.4　层次集体值是 $\mathcal{GL}$ 上唯一同时满足有效性、平凡加权均衡贡献性和层次集体均衡贡献性三条公理的值函数。

证明： 任取 $(N,v,\mathcal{L})\in\mathcal{GL}$。

存在性。对任意的 $S_t^l\in\mathcal{C}_l$，记 $\mathcal{C}_{l'}(l\leqslant l'\leqslant k+1)$ 中包含它的结构联盟为 $S_{h_{l'}}^{l'}$。由式 (8.2)，有

$$\sum_{i\in S_t^l}\mathrm{LSCo}_i(N,v,\mathcal{L})=\mathrm{Sh}_{S_t^l}^{\omega}(\lfloor S_{h_{l+1}}^{l+1}\rfloor,v^k)+\sum_{l'=l+1}^{k}\frac{\mathrm{Sh}_{S_{h_{l'}}^{l'}}^{\omega}(\lfloor S_{h_{l'+1}}^{l'+1}\rfloor,v^l)-v(S_{h_{l'}}^{l'})}{|S_{h_{l'}}^{l'}|}$$

特殊地，当 $l=k$ 时，有

$$\sum_{i\in S_t^k}\mathrm{LSCo}_i(N,v,\mathcal{L})=\mathrm{Sh}_{S_t^k}^{\omega}(\lfloor N\rfloor,v^k)$$

由于加权 Shapley 值满足有效性，从而有效性成立。另外，由于加权 Shapley 值满足加权均衡贡献性，从而对任意的 $\{S_{t_1}^k, S_{t_2}^k\} \subseteq \mathcal{C}_k$，有

$$\begin{aligned}
&\frac{\sum_{i\in S_{t_1}^k} \mathrm{LSCo}_i(N,v,\mathcal{L}) - \sum_{i\in S_{t_1}^k} \mathrm{LSCo}_i(N\setminus S_{t_2}^k,v,\mathcal{L})}{|S_{t_1}^k|}\\
=&\frac{\mathrm{Sh}_{S_{t_1}^k}^{\omega}(\lfloor N\rfloor,v^k) - \mathrm{Sh}_{S_{t_1}^k}^{\omega}(\lfloor N\rfloor\setminus S_{t_2}^k,v^k)}{|S_{t_1}^k|}\\
=&\frac{\mathrm{Sh}_{S_{t_2}^k}^{\omega}(\lfloor N\rfloor,v^k) - \mathrm{Sh}_{S_{t_2}^k}^{\omega}(\lfloor N\rfloor\setminus S_{t_1}^k,v^k)}{|S_{t_2}^k|}\\
=&\frac{\sum_{i\in S_{t_2}^k} \mathrm{LSCo}_i(N,v,\mathcal{L}) - \sum_{i\in S_{t_2}^k} \mathrm{LSCo}_i(N\setminus S_{t_1}^k,v,\mathcal{L})}{|S_{t_2}^k|}
\end{aligned}$$

即平凡加权均衡边际贡献性成立。最后，任取 $\mathcal{C}_{l+1}$ 中隶属于同一个直接上级的结构联盟 $S_{t_1'}^{l+1}$ 和 $S_{t_2'}^{l+1}$，则对任意的 $S_{t_1}^{l_0} \in \lfloor S_{t_1'}^{l_0+1}\rfloor$ 及 $S_{t_2}^{l_0} \in \lfloor S_{t_2'}^{l_0+1}\rfloor$，有

$$\begin{aligned}
&\frac{\sum_{i\in S_{t_1}^l} \mathrm{LSCo}_i(N,v,\mathcal{L}) - \sum_{i\in S_{t_1}^l} \mathrm{LSCo}_i(N\setminus S_{t_2'}^{l+1},v,\mathcal{L})}{|S_{t_1}^l|}\\
&-\sum_{l=l+2}^{k}\frac{\mathrm{Sh}_{S_{h_l}^l}^{\omega}(\lfloor S_{h_{l+1}}^{l+1}\rfloor,v^l) - v(S_{h_l}^l)}{|S_{h_l}^l|}\\
&+\sum_{l=l+2}^{k}\frac{\mathrm{Sh}_{S_{h_l}^l\setminus S_{t_2'}^{l+1}}^{\omega}(\lfloor S_{h_{l+1}}^{l+1}\rfloor\setminus S_{t_2'}^{l+1},v^l) - v(S_{h_l}^l\setminus S_{t_2'}^{l+1})}{|S_{h_l}^l\setminus S_{t_2'}^{l+1}|}\\
=&\frac{\mathrm{Sh}_{S_{t_1}^l}^{\omega}(\lfloor S_{t_1'}^{l+1}\rfloor,v^l)}{|S_{t_1}^l|} + \frac{\mathrm{Sh}_{S_{t_1'}^{l+1}}^{\omega}(\lfloor S_{h_{l+2}}^{l+2}\rfloor,v^{l+1}) - v(S_{t_1'}^{l+1})}{|S_{t_1'}^{l+1}|}\\
&+\sum_{l=l+2}^{k}\frac{\mathrm{Sh}_{S_{h_l}^l}^{\omega}(\lfloor S_{h_{l+1}}^{l+1}\rfloor,v^l) - v(S_{h_l}^l)}{|S_{h_l}^l|}\\
&-\frac{\mathrm{Sh}_{S_{t_1}^l}^{\omega}(\lfloor S_{t_1'}^{l+1}\rfloor,v^l)}{|S_{t_1}^l|} - \frac{\mathrm{Sh}_{S_{t_1'}^{l+1}}^{\omega}(\lfloor S_{h_{l+2}}^{l+2}\rfloor\setminus S_{t_2'}^{l+1},v^{l+1}) - v(S_{t_1'}^{l+1}\setminus S_{t_2'}^{l+1})}{|S_{t_1'}^{l+1}\setminus S_{t_2'}^{l+1}|}\\
&-\sum_{l=l+2}^{k}\frac{\mathrm{Sh}_{S_{h_l}^l\setminus S_{t_2'}^{l+1}}^{\omega}(\lfloor S_{h_{l+1}}^{l+1}\rfloor\setminus S_{t_2'}^{l+1},v^l) - v(S_{h_l}^l\setminus S_{t_2'}^{l+1})}{|S_{h_l}^l\setminus S_{t_2'}^{l+1}|}
\end{aligned}$$

$$
\begin{aligned}
&-\sum_{l=l+2}^{k}\frac{\mathrm{Sh}^{\omega}_{S^l_{h_l}}(\lfloor S^{l+1}_{h_{l+1}}\rfloor, v^l)-v(S^l_{h_l})}{|S^l_{h_l}|}\\
&+\sum_{l=l+2}^{k}-\frac{\mathrm{Sh}^{\omega}_{S^l_{h_l}\setminus S^{l+1}_{t_2'}}(\lfloor S^{l+1}_{h_{l+1}}\rfloor\setminus S^{l+1}_{t_2'}, v^l)-v(S^l_{h_l}\setminus S^{l+1}_{t_2'})}{|S^l_{h_l}\setminus S^{l+1}_{t_2'}|}\\
=&\frac{\mathrm{Sh}^{\omega}_{S^{l+1}_{t_1'}}(\lfloor S^{l+2}_{h_{l+2}}\rfloor, v^{l+1})-\mathrm{Sh}^{\omega}_{S^{l+1}_{t_1'}}(\lfloor S^{l+2}_{h_{l+2}}\rfloor\setminus S^{l+1}_{t_2'}, v^{l+1})}{|S^{l+1}_{t_1'}|}\\
=&\frac{\mathrm{Sh}^{\omega}_{S^{l+1}_{t_2'}}(\lfloor S^{l+2}_{h_{l+2}}\rfloor, v^{l+1})-\mathrm{Sh}^{\omega}_{S^{l+1}_{t_2'}}(\lfloor S^{l+2}_{h_{l+2}}\rfloor\setminus S^{l+1}_{t_1'}, v^{l+1})}{|S^{l+1}_{t_2'}|}\\
=&\frac{\sum_{i\in S^l_{t_2}}\mathrm{LSCo}_i(N,v,\mathcal{L})-\sum_{i\in S^l_{t_2}}\mathrm{LSCo}_i(N\setminus S^{l+1}_{t_1'},v,\mathcal{L})}{|S^l_{t_2}|}\\
&-\sum_{l=l+2}^{k}\frac{\mathrm{Sh}^{\omega}_{S^l_{h_l}}(\lfloor S^{l+1}_{h_{l+1}}\rfloor, v^l)-v(S^l_{h_l})}{|S^l_{h_l}|}\\
&+\sum_{l=l+2}^{k}\frac{\mathrm{Sh}^{\omega}_{S^l_{h_l}\setminus S^{l+1}_{t_1'}}(\lfloor S^{l+1}_{h_{l+1}}\rfloor\setminus S^{l+1}_{t_1'}, v^l)-v(S^l_{h_l}\setminus S^{l+1}_{t_1'})}{|S^l_{h_l}\setminus S^{l+1}_{t_1'}|}
\end{aligned}
$$

即层次集体均衡贡献性成立。

唯一性。令 γ 为 $\mathcal{GL}$ 上同时满足定理 8.4 中三条公理的值，下证 $\gamma=\mathrm{LSCo}$。

(1) $n=1$。由有效性，$\gamma=\mathrm{LSCo}$。

(2) 假设 $n\leqslant n_1(n_1\geqslant 1)$ 时 $\gamma=\mathrm{LSCo}$。下证 $n=n_1+1$ 时的情形。

(3) 假设 $n=n_1+1$。由于 $\mathcal{C}_{k+1}$ 中只有一个结构联盟，因而由有效性，有

$$
\sum_{i\in N}\gamma_i(N,v,\mathcal{L})=\sum_{i\in N}\mathrm{LSCo}_i(N,v,\mathcal{L})
$$

任取 $\{S^k_{t_1},S^k_{t_2}\}\subseteq\mathcal{C}_k$，由平凡加权均衡边际贡献性，有

$$
\begin{aligned}
&\frac{\sum_{i\in S^k_{t_1}}\gamma_i(N,v,\mathcal{L})-\sum_{i\in S^k_{t_1}}\gamma_i(N\setminus S^k_{t_2},v,\mathcal{L})}{|S^k_{t_1}|}\\
=&\frac{\sum_{i\in S^k_{t_2}}\gamma_i(N,v,\mathcal{L})-\sum_{i\in S^k_{t_2}}\gamma_i(N\setminus S^k_{t_1},v,\mathcal{L})}{|S^k_{t_2}|}
\end{aligned}
\tag{8.3}
$$

式 (8.3) 可变形为

$$
\begin{aligned}
&|S_{t_2}^k|\sum_{i\in S_{t_1}^k}\gamma_i(N,v,\mathcal{L})-|S_{t_1}^k|\sum_{i\in S_{t_2}^k}\gamma_i(N,v,\mathcal{L})\\
=&|S_{t_2}^k|\sum_{i\in S_{t_1}^k}\gamma_i(N\setminus S_{t_2}^k,v,\mathcal{L})-|S_{t_1}^k|\sum_{i\in S_{t_2}^k}\gamma_i(N\setminus S_{t_1}^k,v,\mathcal{L})
\end{aligned}\tag{8.4}
$$

由对 n 的归纳假设，式 (8.4) 可变形为

$$
\begin{aligned}
&|S_{t_2}^k|\sum_{i\in S_{t_1}^k}\gamma_i(N,v,\mathcal{L})-|S_{t_1}^k|\sum_{i\in S_{t_2}^k}\gamma_i(N,v,\mathcal{L})\\
=&|S_{t_2}^k|\sum_{i\in S_{t_1}^k}\mathrm{LSCo}_i(N\setminus S_{t_2}^k,v,\mathcal{L})-|S_{t_1}^k|\sum_{i\in S_{t_2}^k}\mathrm{LSCo}_i(N\setminus S_{t_1}^k,v,\mathcal{L})
\end{aligned}\tag{8.5}
$$

由于 LSCo 满足平凡加权均衡贡献性，从而式 (8.5) 可变形为

$$
\begin{aligned}
&|S_{t_2}^k|\sum_{i\in S_{t_1}^k}\gamma_i(N,v,\mathcal{L})-|S_{t_1}^k|\sum_{i\in S_{t_2}^k}\gamma_i(N,v,\mathcal{L})\\
=&|S_{t_2}^k|\sum_{i\in S_{t_1}^k}\mathrm{LSCo}_i(N,v,\mathcal{L})-|S_{t_1}^k|\sum_{i\in S_{t_2}^k}\mathrm{LSCo}_i(N,v,\mathcal{L})
\end{aligned}\tag{8.6}
$$

固定 $S_{t_1}^k$，让 $S_{t_2}^k$ 取遍 $\mathcal{C}_k$ 并求和得到

$$
\begin{aligned}
&n\sum_{i\in S_{t_1}^k}\gamma_i(N,v,\mathcal{L})-|S_{t_1}^k|\sum_{i\in N}\gamma_i(N,v,\mathcal{L})\\
=&n\sum_{i\in S_{t_1}^k}\mathrm{LSCo}_i(N,v,\mathcal{L})-|S_{t_1}^k|\sum_{i\in N}\mathrm{LSCo}_i(N,v,\mathcal{L})
\end{aligned}
$$

由有效性即得

$$
\sum_{i\in S_{t_1}^k}\gamma_i(N,v,\mathcal{L})=\sum_{i\in S_{t_1}^k}\mathrm{LSCo}_i(N,v,\mathcal{L})
$$

至此已证得 γ 和 LSCo 赋予 $\mathcal{C}_k$ 和 $\mathcal{C}_{k+1}$ 中的结构联盟相同的集结收益。假设当 $l\geqslant l_0+1(0\leqslant l_0\leqslant k-1)$ 时，γ 和 LSCo 赋予 $\mathcal{C}_l$ 中的结构联盟相同的集结收益。令 $l=l_0$。

任取隶属于相同直接上级的 $\{S_{t_1'}^{l+1},S_{t_2'}^{l+1}\}\subseteq\mathcal{C}_{l+1}$，则对任意的 $S_{t_1}^l\in\lfloor S_{t_1'}^{l+1}\rfloor$ 及 $S_{t_2}^l\in\lfloor S_{t_2'}^{l+1}\rfloor$，由层次集体均衡贡献性及对 n 的归纳假设，有

$$
|S_{t_2}^l|\sum_{i\in S_{t_1}^l}\gamma_i(N,v,\mathcal{L})-|S_{t_1}^l|\sum_{i\in S_{t_2}^l}\gamma_i(N,v,\mathcal{L})
$$

应为一个已知数，记为 $D(S^l_{t_1}, S^l_{t_2})$。从而

$$
\begin{aligned}
&\sum_{S^l_{t_2}\subseteq S^{l+2}_{h_{l+2}}\setminus S^{l+1}_{t_1'}} D(S^l_{t_1}, S^l_{t_2})\\
&= |S^{l+2}_{h_{l+2}} \setminus S^{l+1}_{t_1'}| \sum_{i\in S^l_{t_1}} \gamma_i(N,v,\mathcal{L}) - |S^l_{t_1}| \sum_{i\in S^{l+2}_{h_{l+2}}\setminus S^{l+1}_{t_1'}} \gamma_i(N,v,\mathcal{L})\\
&= |S^{l+2}_{h_{l+2}} \setminus S^{l+1}_{t_1'}| \sum_{i\in S^l_{t_1}} \gamma_i(N,v,\mathcal{L}) - |S^l_{t_1}| \sum_{i\in S^{l+2}_{h_{l+2}}\setminus S^{l+1}_{t_1'}} \mathrm{LSCo}_i(N,v,\mathcal{L})
\end{aligned}
$$

其中，$S^{l+2}_{h_{l+2}}$ 表示 $\mathcal{C}_{l+2}$ 中包含 $S^{l+1}_{t_1'}$ 及 $S^{l+1}_{t_2'}$ 的联盟。于是，

$$
\begin{aligned}
&\sum_{i\in S^l_{t_1}} \gamma_i(N,v,\mathcal{L})\\
&= \frac{\sum_{S^l_{t_2}\subseteq S^{l+2}_{h_{l+2}}\setminus S^{l+1}_{t_1'}} D(S^l_{t_1}, S^l_{t_2}) + |S^l_{t_1}| \sum_{i\in S^{l+2}_{h_{l+2}}\setminus S^{l+1}_{t_1'}} \mathrm{LSCo}_i(N,v,\mathcal{L})}{|S^{l+2}_{h_{l+2}} \setminus S^{l+1}_{t_1'}|}\\
&= \sum_{i\in S^l_{t_1}} \mathrm{LSCo}_i(N,v,\mathcal{L})
\end{aligned}
$$

特殊地，取 $l=0$ 即得 $\gamma = \mathrm{LSCo}$。 □

第 9 章　层次结构合作博弈的 τ 值

前几章研究了层次结构合作博弈的 Winter 值、均分值、均分剩余值、多步 Shapley 值和集体值，本章将提出层次结构合作博弈的 τ 值 (简称层次 τ 值)。它通过先确定局中人的最大和最小潜在收益，再在这两个收益之间取折中来确定局中人的最终收益。其分配原理简单清晰，计算简单方便，也是一类比较重要的合作博弈单值解。

9.1　层次 τ 值的定义

为了定义层次 τ 值，先定义结构联盟的最大及最小潜在集结收益。

对任意的 $(N,v,\mathcal{L})\in\mathcal{GL}$ 及 $S_t^l\in\mathcal{C}_l$，递归地定义 S_t^l 的最大潜在集结收益 $\sum_{i\in S_t^l}M_i(N,v,\mathcal{L})$ 如下：

(1) 若 $l=k+1$，则 $\sum_{i\in S_t^l}M_i(N,v,\mathcal{L})=v(N)$；

(2) 若 $l=k$，则

$$\sum_{i\in S_t^l}M_i(N,v,\mathcal{L})=v^l(\mathcal{C}_l)-v^l(\mathcal{C}_l\setminus S_t^l)=v(N)-v(N\setminus S_t^l)$$

(3) 一般地，若 $l=l'(0\leqslant l'\leqslant k-1)$，假设 $S_t^l\subseteq S_{t'}^{l+1}$，则

$$\sum_{i\in S_t^l}M_i(N,v,\mathcal{L})=\sum_{i\in S_{t'}^{l+1}}M_i(N,v,\mathcal{L})-\sum_{i\in S_{t'}^{l+1}\setminus S_t^l}M_i(N\setminus S_t^l,v,\mathcal{L})$$

特别地，若 $S_{t'}^{l+1}=S_t^l$，则约定 $\sum_{i\in S_{t'}^{l+1}\setminus S_t^l}M_i(N\setminus S_t^l,v,\mathcal{L})=0$。

结构联盟 S_t^l 的最大潜在集结收益可以理解为在收益分配过程中，S_t^l 所能要求分得的最大集结收益。因为如果 S_t^l 要求分得更多，那么 $S_{t'}^{l+1}\setminus S_t^l$ 中的“联盟型局中人”与其答应 S_t^l 的要求，倒不如直接将其踢出联盟。

利用数学归纳法 (逆序)，很容易得到下面的结论。

定理 9.1　对任意的 $(N,v,\mathcal{L})\in\mathcal{GL}$ 及 $S_t^l\in\mathcal{C}_l$，都有

$$\sum_{i\in S_t^l}M_i(N,v,\mathcal{L})=v(N)-v(N\setminus S_t^l)$$

证明：当 $l=k+1$ 及 k 时，定理 9.1成立是显然的。

假设 $l=l'(1\leqslant l'\leqslant k)$ 时定理 9.1成立，下证 $l=l'-1$ 时的情形。记 $S_t^l\subseteq S_{t'}^{l+1}$，则

$$
\begin{aligned}
&\sum_{i\in S_t^l}M_i(N,v,\mathcal{L})\\
=&\sum_{i\in S_{t'}^{l+1}}M_i(N,v,\mathcal{L})-\sum_{i\in S_{t'}^{l+1}\setminus S_t^l}M_i(N\setminus S_t^l,v,\mathcal{L})\\
=&\big(v(N)-v(N\setminus S_{t'}^{l+1})\big)-\Big(v(N\setminus S_t^l)-v\big((N\setminus S_t^l)\setminus(S_{t'}^{l+1}\setminus S_t^l)\big)\Big)\\
=&\big(v(N)-v(N\setminus S_{t'}^{l+1})\big)-\big(v(N\setminus S_t^l)-v(N\setminus S_{t'}^{l+1})\big)\\
=&v(N)-v(N\setminus S_t^l)
\end{aligned}
$$

从而，当 $l=l'-1$ 时，定理 9.1成立。 □

对任意的 $(N,v,\mathcal{L})\in\mathcal{GL}$ 及 $S_t^l\in\mathcal{C}_l$，递归地定义 S_t^l 的最小潜在集结收益 $\sum_{i\in S_t^l}m_i(N,v,\mathcal{L})$ 如下：

(1) 若 $l=k+1$，约定 $\sum_{i\in S_t^l}m_i(N,v,\mathcal{L})=v(N)$；

(2) 若 $l=k$，则

$$
\sum_{i\in S_t^l}m_i(N,v,\mathcal{L})=\max_{S\subseteq\mathcal{C}_l:S_t^l\in S}\left\{v^l(S)-\sum_{S'\in S\setminus S_t^l}\sum_{i\in S'}M_i(N,v,\mathcal{L})\right\}
$$

(3) 一般地，若 $l=l'(0\leqslant l'\leqslant k-1)$，记 $S_t^l\subseteq S_{t'}^{l+1}\in\mathcal{C}_{l+1}$，$S_{t'}^{l+1}\subseteq S_{t''}^{l+2}\in\mathcal{C}_{l+2}$，则

$$
\begin{aligned}
\sum_{i\in S_t^l}m_i(N,v,\mathcal{L})=&\max_{Q\in P(S_{t'}^{l+1}):S_t^l\in Q}\Bigg\{v(\cup_{P\in Q}P)\\
&-\sum_{P\subseteq Q_{|T_1}:P\neq S_t^l}\sum_{i\in P}M_i(N,v,\mathcal{L})-\sum_{P\subseteq Q_{|T_2}}\sum_{P'\subseteq P:P'\in\mathcal{C}_l}\sum_{i\in P'}M_i(N,v,\mathcal{L})\Bigg\}
\end{aligned}
$$

其中，$P(S_{t'}^{l+1})=\big\{\{T_1,T_2\}\mid T_1=(\mathcal{C}_l)_{|S_{t'}^{l+1}},T_2=(\mathcal{C}_{l+1})_{|S_{t''}^{l+2}}\setminus S_{t'}^{l+1}\big\}$。

S_t^l 的最小潜在集结收益代表 S_t^l 越过其直接上级 $S_{t'}^{l+1}$(或背叛其直接上级结构联盟所对应的结盟关系)，选择恰当的方式与两类特殊的结构联盟结盟，并许诺给予与它同层的“联盟型盟友”对应的最大潜在集结收益，并将剩下的收益留给自己的情况下，所能得到的集结收益。具体地，这两类特殊的结构联盟包括：

① 若干与其地位对等的结构联盟 ($\lfloor S_{t'}^{l+1} \rfloor$)；② 若干与其直接上级地位对等的结构联盟 ($\lfloor S_{t''}^{l+2} \rfloor \setminus S_{t'}^{l+1}$)。

最小潜在集结收益是联盟 S_t^l 的最保守收益，因为：① 最大潜在收益对“联盟型盟友”具有强大的诱惑力，因而这种结盟方式是可行的；② 由于本文考虑的是有限个局中人的合作博弈，因而这样的最大值也是存在的。

命题 9.1 $\sum_{i \in S_t^l} m_i(N, v, \mathcal{L}) \geqslant v(S_t^l)$。

证明：在最小潜在集结收益的定义中将 Q 取成 S_t^l 即可。 □

对任意的 $(N, v, \mathcal{L}) \in \mathcal{GL}$ 及 $i \in N$，i 在 $(N, v, \mathcal{L})$ 中的层次 τ 值 $\mathrm{LS}\tau_i(N, v, \mathcal{L})$ 需按如下方式递归计算。

第一步：在 $\mathcal{C}_k$ 间分配全局联盟的价值 $v(N)$，结构联盟 $S_{i_k}^k$ 将分得

$$
\begin{aligned}
&\sum_{j \in S_{i_k}^k} \tau_j(N, v, \mathcal{L}) \\
&= \sum_{j \in S_{i_k}^k} m_j(N, v, \mathcal{L}) + \alpha_1^{k+1} \left(\sum_{j \in S_{i_k}^k} M_j(N, v, \mathcal{L}) - \sum_{j \in S_{i_k}^k} m_j(N, v, \mathcal{L}) \right)
\end{aligned}
$$

其中，$\alpha_1^{k+1} \in [0, 1]$ 使得

$$
\sum_{S_t^k \in \mathcal{C}_k} \sum_{j \in S_t^k} \tau_j(N, v, \mathcal{L}) = v(N)
$$

第 l 步：一般地，给定 $\sum_{j \in S_{i_{l+1}}^{l+1}} \tau_j(N, v, \mathcal{L})$，有

$$
\begin{aligned}
&\sum_{j \in S_{i_l}^l} \tau_j(N, v, \mathcal{L}) \\
&= \sum_{j \in S_{i_l}^l} m_j(N, v, \mathcal{L}) + \alpha_{i_{l+1}}^{l+1} \left(\sum_{j \in S_{i_l}^l} M_j(N, v, \mathcal{L}) - \sum_{j \in S_{i_l}^l} m_j(N, v, \mathcal{L}) \right)
\end{aligned}
$$

其中，$\alpha_{i_{l+1}}^{l+1} \in [0, 1]$，使得

$$
\sum_{S_t^l \in \lfloor S_{i_{l+1}}^{l+1} \rfloor} \sum_{j \in S_t^l} \tau_j(N, v, \mathcal{L}) = \sum_{j \in S_{i_{l+1}}^{l+1}} \tau_j(N, v, \mathcal{L})
$$

特殊地，取 $l = 0$ 即得 $\mathrm{LS}\tau_i(N, v, \mathcal{L})$。

例 9.1 考虑 $(N,v,\mathcal{L})\in\mathcal{GL}$，其中 N 及 $\mathcal{L}$ 如例 6.1 所示，v 定义如下：

$$v(4)=v(13)=100,\ v(14)=v(23)=200,\ v(24)=v(123)=300,$$

$$v(34)=v(124)=400,\ v(134)=500,\ v(234)=600,\ v(1234)=700$$

其他联盟的特征函数值均为 0。下面将计算出各局中人的层次 τ 值。

首先，确定 $\mathcal{C}_2$ 层各结构联盟的集结收益。

$$M_1(N,v,\mathcal{L})=700-600=100;$$

$$\sum_{i\in\{2,3,4\}}M_i(N,v,\mathcal{L})=700-0=700;$$

$$m_1(N,v,\mathcal{L})=\max\{0,700-700\}=0;$$

$$\sum_{i\in\{2,3,4\}}m_i(N,v,\mathcal{L})=\max\{600,700-100\}=600$$

于是，

$$\tau_1(N,v,\mathcal{L})=0+\alpha_1^3(100-0)=100\alpha_1^3;$$

$$\sum_{i\in\{2,3,4\}}\tau_i(N,v,\mathcal{L})=600+\alpha_1^3(700-600)=100\alpha_1^3+600$$

为了确定 α_1^3 的值，解方程 $100\alpha_1^3+100\alpha_1^3+600=700$，得 $\alpha_1^3=1/2$，从而

$$\tau_1(N,v,\mathcal{L})=50,\qquad \sum_{i\in\{2,3,4\}}\tau_i(N,v,\mathcal{L})=650$$

其次，确定 $\mathcal{C}_1$ 层各结构联盟的集结收益。

$$\sum_{i\in\{2,3\}}M_i(N,v,\mathcal{L})=700-200=500;$$

$$M_4(N,v,\mathcal{L})=700-300=400;$$

$$\sum_{i\in\{2,3\}}m_i(N,v,\mathcal{L})$$

$$=\max\{200,300-100,600-400,700-100-400\}=200;$$

$$m_4(N,v,\mathcal{L})$$

$$=\max\{100,200-100,600-500,700-100-500\}=100$$

于是，

$$\sum_{i\in\{2,3\}}\tau_i(N,v,\mathcal{L})=200+\alpha_2^2(500-200)=300\alpha_2^2+200;$$

$$\tau_4(N,v,\mathcal{L})=100+\alpha_2^2(400-100)=300\alpha_2^2+100$$

为确定 α_2^2 的值，解方程 $300\alpha_2^2+200+300\alpha_2^2+100=650$，得 $\alpha_2^2=7/12$，从而

$$\sum_{i\in\{2,3\}}\tau_i(N,v,\mathcal{L})=375,\quad \tau_4(N,v,\mathcal{L})=275$$

最后，确定 $\mathcal{C}_0$ 层各结构联盟 (即各单个局中人) 的收益。

$$M_2(N,v,\mathcal{L})=700-500=200;$$

$$M_3(N,v,\mathcal{L})=700-400=300;$$

$$m_2(N,v,\mathcal{L})=\max\{0,300-400,200-300,600-300-400\}=0;$$

$$m_3(N,v,\mathcal{L})=\max\{0,400-400,200-200,600-400-200\}=0$$

于是，

$$\tau_2(N,v,\mathcal{L})=0+\alpha_2^1(200-0)=200\alpha_2^1;$$

$$\tau_3(N,v,\mathcal{L})=0+\alpha_2^1(300-0)=300\alpha_2^1$$

为了确定 α_2^1 的值，解方程 $200\alpha_2^1+300\alpha_2^1=375$，得 $\alpha_2^1=3/4$，从而

$$\tau_2(N,v,\mathcal{L})=150,\quad \tau_3(N,v,\mathcal{L})=225$$

由层次 τ 值的定义可知，满足以下两个条件的层次结构合作博弈的 τ 值才是有意义的。

(1) 对任意的 $S_t^l\in\mathcal{C}_l$，都有

$$\sum_{i\in S_t^l}m_i(N,v,\mathcal{L})\leqslant\sum_{i\in S_t^l}M_i(N,v,\mathcal{L})$$

这是折中的前提；

(2) 对任意的 $S_t^l\in\mathcal{C}_l$，记 $S_t^l\subseteq S_{t'}^{l+1}$，则

$$\sum_{S_t^l\subseteq S_{t'}^{l+1}}\sum_{i\in S_t^l}m_i(N,v,\mathcal{L})\leqslant\sum_{i\in S_{t'}^{l+1}}\tau_i(N,v,\mathcal{L})\leqslant\sum_{S_t^l\subseteq S_{t'}^{l+1}}\sum_{i\in S_t^l}M_i(N,v,\mathcal{L})$$

这保证了可以找到满足有效性的 $\alpha_{t'}^{l+1}$。

称同时满足这两个条件的层次结构合作博弈为拟均衡层次结构合作博弈。下面将给出一类拟均衡层次结构合作博弈，这类合作博弈将用到正规合作博弈概念。

对任意的 $(N,v)\in\mathcal{G}$，若其核心 $\mathcal{C}(N,v)\neq\varnothing$，且任取 $S\subseteq N$，都存在 $x\in\mathcal{C}(N,v)$，使得 $\sum_{i\in S}x_i(N,v)=v(S)$，则称 (N,v) 为正规合作博弈。

定理 9.2　对任意的 $(N,v,\mathcal{L})\in\mathcal{GL}$，若 (N,v) 为正规合作博弈，则 $(N,v,\mathcal{L})$ 是拟均衡层次结构合作博弈。

证明： 文献 [149] 证明了当层次结构的层数为 3(即 $k=1$) 时，定理 9.2成立。假设当 $k\leqslant n_1(n_1\geqslant 2)$ 时，$(N,v,\mathcal{L})$ 是拟均衡 LS-合作博弈，下证当 $k=n_1+1$ 时的情形。

令 $k=n_1+1$。由于 (N,v) 是正规合作博弈，从而商合作博弈 $(\mathcal{C}_1,v^1)$ 也是正规合作博弈。由归纳假设，截断层次结构合作博弈 $(\mathcal{C}_1,v^1,\mathcal{L}^1)$ 是拟均衡的。于是 $(\mathcal{C}_1,v^1,\mathcal{L}^1)$ 的层次 τ 值是有意义的。下证对任意的 $i\in N$，都有

$$m_i(N,v,\mathcal{L})\leqslant M_i(N,v,\mathcal{L})$$

及

$$\sum_{j\in S_{i_1}^1}m_j(N,v,\mathcal{L})\leqslant\sum_{j\in S_{i_1}^1}\tau_j(N,v,\mathcal{L})\leqslant\sum_{j\in S_{i_1}^1}M_j(N,v,\mathcal{L})$$

(1) 由定理 9.1，有

$$M_i(N,v,\mathcal{L})=v(N)-v(N\setminus i)=M_i(N,v)$$

又由最小潜在收益的定义，显然有

$$m_i(N,v,\mathcal{L})\leqslant m_i(N,v)$$

由于 (N,v) 是正规合作博弈，则它是拟均衡合作博弈，从而

$$m_i(N,v,\mathcal{L})\leqslant m_i(N,v)\leqslant M_i(N,v)=M_i(N,v,\mathcal{L})$$

(2) 取 $\mathcal{C}(N,v)$ 中的元素 x，使得 $x_i=v(i)$。则对任意的 $S\subseteq N(i\in S)$，有

$$\begin{aligned}v(i)=x_i&=\sum_{j\in S}x_j-\sum_{j\in S\setminus i}x_j=\sum_{j\in S}x_j-\sum_{j\in S\setminus i}\left(v(N)-\sum_{k\in N\setminus j}x_k\right)\\&\geqslant v(S)-\sum_{j\in S\setminus i}\big(v(N)-v(N\setminus j)\big)=v(S)-\sum_{j\in S\setminus i}M_j(N,v)\end{aligned}$$

于是，由最小潜在收益的定义，

$$m_i(N,v) \leqslant v(i)$$

又由于

$$m_i(N,v,\mathcal{L}) \leqslant m_i(N,v)$$

从而结合命题 9.1，有

$$m_i(N,v,\mathcal{L}) = v(i)$$

同理可得

$$\sum_{j\in S_{i_1}^1} m_j(\mathcal{C}_1,v^1,\mathcal{L}^1) = v(S_{i_1}^1)$$

取 $\mathcal{C}(N,v)$ 中的元素 y，使得

$$\sum_{j\in S_{i_1}^1} y_j = v(S_{i_1}^1)$$

则

$$\sum_{j\in S_{i_1}^1} m_j(N,v,\mathcal{L}) = \sum_{j\in S_{i_1}^1} v(i) \leqslant \sum_{j\in S_{i_1}^1} y_j = v(S_{i_1}^1) = m_{S_{i_1}^1}(\mathcal{C}_1,v^1,\mathcal{L}^1) \tag{9.1}$$

取 $\mathcal{C}(N,v)$ 核心中的元素 z，使得

$$\sum_{j\in N\setminus S_{i_1}^1} z_j = v(N\setminus S_{i_1}^1)$$

则

$$\begin{aligned}
M_{S_{i_1}^1}(\mathcal{C}_1,v^1,\mathcal{L}^1) &= v(N) - v(N\setminus S_j^1) = \sum_{j\in S_{i_1}^1} z_j = \sum_{j\in S_{i_1}^1}\left(\sum_{k\in N} z_k - \sum_{k\in N\setminus i} z_k\right) \\
&\leqslant \sum_{j\in S_{i_1}^1}\big(v(N) - v(N\setminus i)\big) = \sum_{j\in S_{i_1}^1} M_j(N,v) \\
&= \sum_{j\in S_{i_1}^1} M_i(N,v,\mathcal{L})
\end{aligned} \tag{9.2}$$

由归纳假设

$$\sum_{j\in S_{i_1}^1} m_j(N,v,\mathcal{L}) \leqslant \sum_{j\in S_{i_1}^1} \tau_j(N,v,\mathcal{L}) \leqslant \sum_{j\in S_{i_1}^1} M_j(N,v,\mathcal{L}) \tag{9.3}$$

联立式 (9.1)、式 (9.2) 及式 (9.3) 即得

$$\sum_{j\in S_{i_1}^1} m_j(N,v,\mathcal{L}) \leqslant \sum_{j\in S_{i_1}^1} \tau_j(N,v,\mathcal{L}) \leqslant \sum_{j\in S_{i_1}^1} M_j(N,v,\mathcal{L}) \qquad \square$$

9.2 层次 τ 值的公理化刻画

公理 9.1 协变性：对任意的 $\{(N,u,\mathcal{L}),(N,v,\mathcal{L})\}\subseteq \mathcal{GL}^N$，若存在 $c\in\mathbb{R}$ 及 $a\in\mathbb{R}^N$，使得对任意的 $S\subseteq N$，都有 $v(S)=cu(S)+\sum_{i\in S}a_i$，则

$$\gamma_i(N,v,\mathcal{L})=c\gamma_i(N,u,\mathcal{L})+a_i$$

协变性是经典合作博弈值协变性在层次结构情境下的修正。

公理 9.2 受限比例性：对任意的 $(N,v,\mathcal{L})\in\mathcal{GL}^N$ 及 $S_{t'}^{l+1}\in\mathcal{C}_{l+1}$，若任取 $S_t^l\in\lfloor S_{t'}^{l+1}\rfloor$，都有 $\sum_{i\in S_t^l}M_i(N,v,\mathcal{L})=0$，则

$$\sum_{i\in S_t^l}\gamma_i(N,v,\mathcal{L})=\alpha_{t'}^{l+1}\sum_{i\in S_t^l}M_i(N,v,\mathcal{L})$$

其中，$\alpha_{t'}^{l+1}$ 的取值应使得

$$\sum_{S_t^l\in\lfloor S_{t'}^{l+1}\rfloor}\sum_{i\in S_t^l}\gamma_i(N,v,\mathcal{L})=\sum_{i\in S_{t'}^{l+1}}\gamma_i(N,v,\mathcal{L})$$

受限比例性要求当某一结构联盟的所有直接下属最小潜在集结收益均为 0 时，这些直接下属的集结收益与它们的最大潜在集结收益成比例。它是经典合作博弈值及联盟结构合作博弈值受限比例性在层次结构情境下的修正。

定理 9.3 对所有的拟均衡层次结构合作博弈 $(N,v,\mathcal{L})$，层次 τ 值是其上唯一同时满足有效性、协变性及最大潜在收益比例性的单值解。

证明： 由层次 τ 值的定义，它显然满足定理 9.3 中的三条公理。下证唯一性。

任取拟均衡层次结构合作博弈 $(N,v,\mathcal{L})$ 及 $i\in N$。令 γ 为拟均衡层次结构合作博弈类上同时满足定理 9.3 中三条公理的值，下证 $\gamma_i(N,v,\mathcal{L})=\mathrm{LS}\tau_i(N,v,\mathcal{L})$。

当 $k=1$ 时，此定理退化成文献 [149] 的定理 3 ($k=0$ 是其特殊情形)。

假设当 $k\leqslant n(n\geqslant 2)$ 时定理成立，下证当 $k=n+1$ 时的情形。

假设 $k=n+1$。对任意的 $i\in N$，记 $a_i=m_i(N,v,\mathcal{L})$。定义合作博弈 (N,w) 如下：对任意的 $S\subseteq N$，有

$$w(S)=v(S)-\sum_{i\in S}a_i$$

由于 $(N,v,\mathcal{L})$ 是拟均衡层次结构合作博弈，故 $(N,w,\mathcal{L})$ 也是拟均衡层次结构合作博弈。从而由协变性，有

$$\gamma_i(N,w,\mathcal{L}) = \gamma_i(N,v,\mathcal{L}) - a_i = \gamma_i(N,v,\mathcal{L}) - m_i(N,v,\mathcal{L}) \tag{9.4}$$

又由 (N,w) 的定义，有

$$M_i(N,w,\mathcal{L}) = M_i(N,v,\mathcal{L}) - m_i(N,v,\mathcal{L}) \tag{9.5}$$

$$m_i(N,w,\mathcal{L}) = m_i(N,v,\mathcal{L}) - m_i(N,v,\mathcal{L}) = 0 \tag{9.6}$$

从而由受限比例性，存在常数 $\beta^1_{i_1}$，使得

$$\gamma_i(N,w,\mathcal{L}) = \beta^1_{i_1} M_i(N,w,\mathcal{L}) \tag{9.7}$$

联立式 (9.4)、式 (9.5)、式 (9.6) 及式 (9.7) 即得

$$\gamma_i(N,v,\mathcal{L}) = m_i(N,v,\mathcal{L}) + \beta^1_{i_1}\big(M_i(N,v,\mathcal{L}) - m_i(N,v,\mathcal{L})\big)$$

另外，由归纳假设，有

$$\sum_{j\in S^1_{i_1}} \gamma_j(N,v,\mathcal{L}) = \sum_{j\in S^1_{i_1}} \mathrm{LS}\tau_j(N,v,\mathcal{L})$$

于是，$\gamma_i(N,v,\mathcal{L}) = \mathrm{LS}\tau_i(N,v,\mathcal{L})$ 成立。 □

9.3 层次 τ 值和层次结构破产问题

当一家企业宣告破产，且其现有资产无法支付其所负债务时，相关主管部门就必须在企业的债权人间分配企业的现有资产。记企业现有资产为 E、企业的有限个债权人集为 N、企业应付给债权人 i 的债务为 $d_i(d_i \geqslant 0)$、企业的债务分布为 $d \in \mathbb{R}^N_+$，于是破产问题 P 可描述成：

$$P = (N,E,d), \qquad \text{s.t.} \quad 0 \leqslant E \leqslant \sum_{i\in N} d_i$$

记 N 上破产问题的全体为 $\mathcal{P}^N$。

$\mathcal{P}^N$ 上的解代表一种分配方法。具体地，解 f 是从 $\mathcal{P}^N$ 到 $\mathbb{R}^N_+$ 的映射，对任意的 $(N,E,d) \in \mathcal{P}^N$ 及 $i \in N$，$f_i(N,E,d)$ 代表债权人 i 的收益。此外，解 f 还须满足：

(1) 对任意的 $i \in N$，$0 \leqslant f_i(N,E,d) \leqslant d_i$，即债权人 i 的收益应非负且不能超过其债权，这体现了解 f 的公平性；

(2) 企业的现有资产必须全部支付给债权人，即 $\sum_{i\in N} f_i(N,E,d) = E$。

对任意的破产问题 $(N,E,d) \in \mathcal{P}^N$，O'Neill[6] 定义了与其对应的破产合作博弈 $(N, v_{E,d}) \in \mathcal{G}^N$，其中对任意的 $S \subseteq N$，有

$$v_{E,d}(S) = \max\left\{E - \sum_{i\in N\setminus S} d_i, 0\right\}$$

即联盟 S 的价值是其外部所有债权人的债务被全部偿还后企业资产的剩余与 0 中的最大值。Curiel 等[154] 证明了：

(1) 破产合作博弈是拟均衡合作博弈；

(2) 破产合作博弈的 τ 值等于原破产问题的调整比例法则解。

调整比例法则解的分配过程分为“调整”和“按比例分配”两个阶段。在调整阶段，每个债权人 i 将会被赋予一个最小收益

$$m_i(N,E,d) = \max\left\{E - \sum_{j\in N\setminus i} d_j, 0\right\}$$

即企业偿还除 i 之外债权人的债务后资产的剩余 (非负)，它是 i 所能保证得到的最小收益。在企业支付给每个债权人其最小收益后，其剩余资产为

$$E' = E - \sum_{i\in N} m_i(N,E,d)$$

i 的调整债权则变为

$$d_i' = \min\{d_i - m_i(N,E,d), E'\}$$

即其得到最小支付后的剩余债权，但这个剩余债权不能超过企业的剩余资产。在按比例分配阶段，E' 将在各债权人间依据其调整债权按比例分配，即 i 将分得 $E'd_i'/\sum_{j\in N} d_j'$。于是，$i$ 的最终收益为

$$\mathrm{AP}_i(N,E,d) = m_i(N,E,d) + \frac{E'd_i'}{\sum_{j\in N} d_j'}$$

在破产问题 (N,E,d) 中，当债权人组成层次结构 $\mathcal{L} \in \mathcal{L}^N$ 时，相应的层次结构破产问题变为 $(N,E,d,\mathcal{L})$，与其对应的层次结构破产合作博弈则为 $(N, v_{E,d}, \mathcal{L})$，

其中，$v_{E,d}$ 的定义与不具层次结构破产合作博弈相同。$\mathcal{C}_l$ 上的破产问题为 ($\mathcal{C}_l$, E, d^l)，其中对任意的 $S_t^l \in \mathcal{C}_l$，有

$$d_{S_t^l}^l = \sum_{i \in S_t^l} d_i$$

即债权联盟的债权是其内部债权人的债权之和。

层次结构破产问题的调整比例法则解 (简称层次调整比例法则解) 致力于在层次结构中自顶向下在每一层破产问题上均利用调整比例法则解来分配企业的清算价值或结构联盟的集结收益。

对任意层次结构破产问题 $(N, E, d, \mathcal{L})$ 及局中人 $i \in N$，i 的层次调整比例法则解 $\mathrm{LSAP}_i(N, E, d, \mathcal{L})$ 由如下递归方式给出。

第一步。在 $\mathcal{C}_k$ 间分配企业的清算价值，结构联盟 $S_{i_k}^k$ 将分得

$$\sum_{j \in S_{i_k}^k} \mathrm{LSAP}_j(N, E, d, \mathcal{L}) = \mathrm{AP}_{S_{i_k}^k}(\mathcal{C}_k, E, d^k)$$

第 $l(0 \leqslant l \leqslant k)$ 步。一般地，给定 $\sum_{j \in S_{i_{l+1}}^{l+1}} \mathrm{LSAP}_j(N, E, d, \mathcal{L})$，则

$$\sum_{j \in S_{i_l}^l} \mathrm{LSAP}_j(N, E, d, \mathcal{L}) = \mathrm{AP}_{S_{i_l}^l}\left(\lfloor S_{i_{l+1}}^{l+1} \rfloor, \sum_{j \in S_{i_{l+1}}^{l+1}} \mathrm{LSAP}_j(N, E, d, \mathcal{L}), d^l\right)$$

层次结构破产问题的调整比例法则解与对应层次结构破产合作博弈的 τ 值等价。

定理 9.4 对任意的层次结构破产问题 $(N, E, d, \mathcal{L})$ 及债权人 $i \in N$，都有

$$\mathrm{LSAP}_i(N, E, d, \mathcal{L}) = \mathrm{LS}\tau_i(N, v_{E,d}, \mathcal{L})$$

证明： 当 $k = 1$ 时，此定理退化成文献 [149] 的定理 5 ($k = 0$ 是其特殊情形)。假设当 $k = n_1(n_1 \geqslant 1)$ 时此定理成立，下证 $k = n_1 + 1$ 时的情形。

假设 $k = n_1 + 1$。由于 $(N, v_{E,d})$ 是正规合作博弈，从而仿照定理 9.3 可证得 $m_i(N, v_{E,d}) = v_{E,d}(i)$。于是，

$$m_i(N, E, d) = v_{E,d}(i) = m_i(N, v_{E,d})$$

由层次结构合作博弈最小潜在收益的定义，有

$$m_i(N, v_{E,d}, \mathcal{L}) \leqslant m_i(N, v_{E,d})$$

结合命题 9.1可得

$$m_i(N,E,d) = m_i(N,v_{E,d}) = m_i(N,v_{E,d},\mathcal{L}) = v_{E,d}(i)$$

接下来将证

$$d_i' = M_i(N,v_{E,d},\mathcal{L}) - m_i(N,v_{E,d},\mathcal{L}) \tag{9.8}$$

事实上，Driessen[155] 对不带层次结构破产问题证明了这一结论，即

$$d_i' = M_i(N,v_{E,d}) - m_i(N,v_{E,d})$$

由于

$$M_i(N,v_{E,d},\mathcal{L}) = M_i(N,v_{E,d}),\quad m_i(N,v_{E,d},\mathcal{L}) = m_i(N,v_{E,d})$$

从而式 (9.8) 成立。

接下来证 $\mathrm{LSAP}_i(N,E,d,\mathcal{L}) = \tau_i(N,v_{E,d},\mathcal{L})$。事实上，

$$\begin{aligned}
&\mathrm{LSAP}_i(N,E,d,\mathcal{L})\\
=&\,m_i(N,E,d) + E_{i_1}^1 \frac{d_i'}{\sum_{j\in S_{i_1}^1} d_j'}\\
=&\,m_i(N,v_{E,d},\mathcal{L}) + \frac{E_{i_1}^1}{\sum_{j\in S_{i_1}^1} d_j'(N,E,d)}\big(M_i(N,v_{E,d},\mathcal{L}) - m_i(N,v_{E,d},\mathcal{L})\big)
\end{aligned}$$

对比它与层次 τ 值的定义即得 $\mathrm{LSAP}_i(N,E,d,\mathcal{L}) = \tau_i(N,v_{E,d},\mathcal{L})$。 □

例 9.2　考虑有 4 个债权人的层次结构破产问题 $(N,E,d,\mathcal{L})$，其中 $\mathcal{L}$ 如例 6.1 所示，$E=700$，$d=(100,200,300,400)$。

在 $\mathcal{C}_2$ 层，

$$m_1(\mathcal{C}_2,E,d^2) = \max\{700-(200+300+400),0\} = 0;$$

$$m_{\{234\}}(\mathcal{C}_2,E,d^2) = \max\{700-100,0\} = 600;$$

$$E_1^3 = 700-0-600 = 100;$$

$$(d_1^2)' = \min\{100-0,700-0-600\} = 100;$$

$$(d_{\{234\}}^2)' = \min\{(200+300+400)-600,700-0-600\} = 100$$

于是，

$$\mathrm{LSAP}_1(\mathcal{C}_2,E,d^2) = 0+100\times 100/(100+100) = 50;$$

$$\mathrm{LSAP}_{\{234\}}(\mathcal{C}_2, E, d^2) = 600 + 100 \times 100/(100 + 100) = 650$$

从而债权人 1 的最终收益 $\mathrm{LSAP}_1(N, E, d) = 50$。

在 $\mathcal{C}_1$ 层，

$$m_{\{23\}}(\mathcal{C}_1, E, d^1) = \max\{700 - 100 - 400, 0\} = 200;$$

$$m_4(\mathcal{C}_1, E, d^1) = \max\{700 - 100 - (200 + 300), 0\} = 100;$$

$$E_2^2 = 650 - 200 - 100 = 350;$$

$$(d^1_{\{23\}})' = \min\{(200 + 300) - 200, 700 - 0 - 100 - 200\} = 300;$$

$$(d^1_4)' = \min\{400 - 100, 700 - 0 - 100 - 200\} = 300$$

于是，

$$\mathrm{LSAP}_{\{23\}}(\mathcal{C}_1, E, d^1) = 200 + 350 \times 300/(300 + 300) = 375;$$

$$\mathrm{LSAP}_4(\mathcal{C}_1, E, d^1) = 100 + 350 \times 300/(300 + 300) = 275$$

于是，债权人 4 的最终收益 $\mathrm{LSAP}_4(N, E, d) = 275$。

在 $\mathcal{C}_0$ 层，

$$m_2(\mathcal{C}_0, E, d^0) = \max\{700 - 100 - 300 - 400, 0\} = 0;$$

$$m_3(\mathcal{C}_0, E, d^0) = \max\{700 - 100 - 200 - 400, 0\} = 0;$$

$$E_2^1 = 375 - 0 - 0 = 375;$$

$$(d^0_{[2]})' = \min\{200 - 0, 700 - 0 - 0 - 0 - 100\} = 200;$$

$$(d^0_{[3]})' = \min\{300 - 0, 700 - 0 - 0 - 0 - 100\} = 300$$

于是，

$$\mathrm{LSAP}_2(\mathcal{C}_0, E, d^0) = 0 + 375 \times 200/(200 + 300) = 150;$$

$$\mathrm{LSAP}_3(\mathcal{C}_0, E, d^0) = 0 + 375 \times 300/(200 + 300) = 225$$

于是债权人 2、债权人 3 的最终收益分别为

$$\mathrm{LSAP}_2(N, E, d) = 150, \quad \mathrm{LSAP}_3(N, E, d) = 225$$

若债权人间不存在结盟限制 (即 $\mathcal{L}$ 不存在)，相应破产问题 (N, E, d) 的调整比例法解为 $(200/3, 400/3, 200, 300)$。将其与 $(N, E, d, \mathcal{L})$ 的调整比例法则解对比，

可以发现有了层次结构以后，债权人 2 和债权人 3 收益增加了，而债权人 1 和债权人 4 的收益反而减少了。究其原因，债权人 2、债权人 3 一开始就组成了债权联盟 $\{2,3\}$，如此一来其债权比债权人 1 和债权人 4 都要多，因而其谈判能力更强。

事实上，例 9.2 的层次结构破产问题对应的层次结构破产合作博弈即如例 9.1 所示，对比这两个例子的结果，可以验证定理 9.4。

参考文献

[1] Myerson R B. Game Theory: Analysis of Conflict[M]. Cambrige: Harvard University Press, 1991.

[2] von Neumann J, Morgenstern O. Theory of Games and Economic Behavior[M]. Princeton: Princeton University Press, 1944.

[3] Harsanyi J C. A general theory of rational behavior in game situations[J]. Econometrica, 1966, 34(3): 613-634.

[4] Nash J F. The bargaining problem[J]. Econometrica, 1950, 18(18): 155-162.

[5] Aumann R J, Peleg B. von Neumann-Morgenstern solutions to cooperative games without side payments[J]. Bulletin of the American Mathematical Society, 1960, 66(3): 173-179.

[6] O'Neill B. A problem of rights arbitration from the Talmud[J]. Mathematical Social Sciences, 1982, 2(4): 345-371.

[7] Fiestras-Janeiro M G, García-Jurado I, Mosquera M A. Cooperative games and cost allocation problems[J]. TOP, 2011, 19(1): 1-22.

[8] Aumann R J. Some non-superadditive games, and their Shapley values, in the Talmud[J]. International Journal of Game Theory, 2010, 39(1): 3-10.

[9] Driessen T S H. The greedy bankruptcy game: An alternative game theoretic analysis of a bankruptcy problem[J]. Game Theory and Applications, 1999, 4(2): 45-61.

[10] Driessen T S H, Funaki Y. Coincidence of and collinearity between game theoretic solutions[J]. Operations Research Spektrum, 1991, 13(1): 15-30.

[11] Owen G. Characterization of the Banzhaf-Coleman index[J]. SIAM Journal on Applied Mathematics, 1978, 35(2): 315-327.

[12] Kamijo Y, Kongo T. Properties based on relative contributions for cooperative games with transferable utilities[J]. Theory and Decision, 2015, 78(1): 77-87.

[13] Casajus A, Huettner F. Decomposition of solutions and the Shapley value[J]. Games and Economic Behavior, 2017(forthcoming), http: //dx.doi.org/10.1016/j.geb.2017.05.001.

[14] Shapley L S. A value for n-person games[C]//Kuhn H W, Tucker A W (Eds). Contributions to the Theory of Games II. Princeton: Princeton University Press, 1953: 307-317.

[15] Tanino T. On dividends for cooperative games (nonlinear analysis and convex analysis)[J]. Rims Kokyuroku, 2006, 1484: 5-15.

[16] Harsanyi J C. A simplified bargaining model for the n-person cooperative game[J]. International Economic Review, 1963, 4(3): 194-220.

[17] Yokote K, Funaki Y, Kamijo Y. A new basis and the Shapley value[J]. Mathematical Social Sciences, 2016, 80: 21-24.

[18] Shapley L S. Additive and Non-Additive Set Functions[D]. Princeton: Princeton University, 1954.

[19] Kalai E, Samet D. On weighted Shapley values[J]. International Journal of Game Theory, 1987, 16(3): 205-222.

[20] Banzhaf J F. Weighted voting does not work: A mathematical analysis[J]. Rutgers Law Review, 1965, 19: 317-343.

[21] Ruiz L M, Valenciano F, Zarzuelo J M. The family of least square values for transferable utility games[J]. Games and Economic Behavior, 1998, 24(1-2): 109-130.

[22] Dragan I. The potential basis and the weighted Shapley value[J]. Libertas Mathematica, 1991, 11: 139-150.

[23] Dragan I. An average per capita formula for the Shapley value[J]. Libertas Mathematica, 1992, 12(12): 139-146.

[24] Dragan I. New mathematical properties of the Banzhaf value[J]. European Journal of Operational Research, 1996, 95(2): 451-463.

[25] Dragan I. The least square values and the Shapley value for cooperative TU games[J]. TOP, 2006, 14(1): 61-73.

[26] Xu G J, Dai H, Shi H B. Axiomatizations and a noncooperative interpretation of the α-CIS value[J]. Asia-Pacific Journal of Operational Research, 2015, 32(5): 1550031(1-15).

[27] Hu X F, Li D F. A new axiomatization of a class of equal surplus division values for TU games[J]. RAIRO-Operations Research, 2017, https: //doi.org/10.1051/ro/2017024.

[28] Yokote K, Funaki Y. Monotonicity implies linearity: Characterizations of convex combinations of solutions to cooperative games[J]. Social Choice and Welfare, 2017, 49(3): 1-33.

[29] Hernández-Lamoneda L, Juárez R, Sánchez-Sánchez F. Dissection of solutions in cooperative game theory using representation techniques[J]. International Journal of Games Theory, 2007, 35(3): 395-426.

[30] Albizuri M J, Aurrecoechea J, Zarzuelo J M. Configuration values: Extensions of the coalitional Owen value[J]. Games and Economic Behavior, 2006, 57(1): 1-17.

[31] Calvo E, Tijs S H, Valenciano F, et al. On the axiomatization of the τ-value[J]. TOP, 1995, 3(1): 35-46.

[32] van den Brink R. Null or nullifying players: The difference between the Shapley value and equal division solutions[J]. Journal of Economic Theory, 2007, 136(1): 767-775.

[33] Casajus A, Huettner F. Null, nullifying, or dummifying players: The difference between the Shapley value, the equal division value, and the equal surplus division value[J]. Economics Letters, 2014, 122(2): 167-169.

[34] Nash J. Two person cooperative games[J]. Econometrica, 1953, 21(1): 128-140.

[35] Feltkamp V. Cooperation in Controlled Network Structures[D]. Tilburg: Tilburg University, 1995.

[36] Dubey P. On the uniqueness of the Shapley value[J]. International Journal of Game Theory, 1975, 4(3): 131-139.

[37] Béal S, Rémila E, Solal P. Compensations in the Shapley value and the compensation solutions for graph games[J]. International Journal of Game Theory, 2012, 41(1): 157-178.

[38] Eisenman R L. A profit-sharing interpretation of Shapley value for n-person games[J]. Systems Research and Behavioral Science, 1967, 12(5): 396.

[39] Flores R, Molina E, Tejada J. Pyramidal values[J]. Annals of Operations Research, 2014, 217(1): 233-252.

[40] Rothblum U G. Combinatorial representations of the Shapley value based on average relative payoffs[C]//Roth A E (Ed). The Shapley value. Cambridge: Cambridge University Press, 1988: 121-126.

[41] Harsanyi J C. A simplified bargaining model for the n-person cooperative game[J]. International Economic Review, 1963, 4(3): 194-220.

[42] Maschler M, Owen G. The consistent Shapley value for hyperplane games[J]. International Journal of Game Theory, 1989, 18(4): 389-407.

[43] Chun Y. On the symmetric and weighted Shapley values[J]. International Journal of Game Theory, 1991, 20(2): 183-190.

[44] Chun Y. A new axiomatization of the Shapley value[J]. Games and Economic Behavior, 1989, 1(2): 119-130.

[45] Young H P. Monotonic solutions of cooperative games[J]. International Journal of Game Theory, 1985, 14(2): 65-72.

[46] Casajus A. Differential marginality, van den Brink fairness, and the Shapley value[J]. Theory and Decision, 2011, 71(2): 163-174.

[47] Huettner F. Axiomatizations of the Shapley Value[D]. Germany: Universität Leipzig, 2007.

[48] Béal S, Rémila E, Solal P. Axioms of invariance for TU-games[J]. International Journal of Game Theory, 2015, 44(4): 891-902.

[49] van den Brink R. An axiomatization of the Shapley value using a fairness property[J]. International Journal of Game Theory, 2002, 30(3): 309-319.

[50] Béal S, Rémila E, Solal P. A decomposition of the space of TU-games using addition and transfer invariance[J]. Discrete Applied Mathematics, 2015, 184: 1-13.

[51] Casajus A, Huettner F. Null players, solidarity, and the egalitarian Shapley values[J]. Journal of Mathematical Economics, 2013, 49(1): 58-61.

[52] Pintér M. Young's axiomatization of the Shapley value: A new proof[J]. Annals of Operations Research, 2015, 235(1): 665-673.

[53] Casajus A, Yokote K. Weak differential marginality and the Shapley value[J]. Journal of Economic Theory, 2017, 167: 274-284.

[54] Einy E, Haimanko O. Characterization of the Shapley-Shubik power index without the efficiency axiom[J]. Games and Economic Behavior, 2011, 73(2): 615-621.

[55] Casajus A. The Shapley value without efficiency and additivity[J]. Mathematical Social Sciences, 2014, 68(1): 1-4.

[56] Myerson R B. Conference structures and fair allocation rules[J]. International Journal of Game Theory, 1980, 9(3): 169-182.

[57] Béal S, Ferrières S, Rémila E, et al. Axiomatic characterizations under players nullification[J]. Mathematical Social Sciences, 2016, 80: 47-57.

[58] Gómez-Rúa M, Vidal-Puga J. The axiomatic approach to three values in games with coalition structure[J]. European Journal of Operational Research, 2010, 207(2): 795-806.

[59] Yokote K, Kongo T. The balanced contributions property for symmetric players[J]. Operations Research Letters, 2017, 45(3): 227-231.

[60] Manuel C, González-Arangüena E. Players indifferent to cooperate and characterizations of the Shapley value[J]. Mathematical Methods of Operations Research, 2013, 77(1): 1-14.

[61] Kamijo Y, Kongo T. Axiomatization of the Shapley value using the balanced cycle contributions property[J]. International Journal of Game Theory, 2010, 39(4): 563-571.

[62] Derks J J M, Haller H H. Null players out? Linear values for games with variable supports[J]. International Game Theory Review, 1999, 1: 301-314.

[63] Kamijo Y, Kongo T. Whose deletion does not affect your payoff? The difference between the Shapley value, the egalitarian value, the solidarity value, and the Banzhaf value[J]. European Journal of Operational Research, 2012, 216(3): 638-646.

[64] Hart S, Mas-Colell A. Potential, value, and consistency[J]. Econometrica, 1989, 57(3): 589-614.

[65] Hart S, Mas-Colell A. The potential of the Shapley value[C]//Roth A E (Ed). The Shapley value. Cambridge: Cambridge University Press, 1988: 127-137.

[66] Calvo E, Santos J C. Potentials in cooperative TU-games[J]. Mathematical Social Sciences, 1997, 34(2): 175-190.

[67] Sánchez F. Balanced contributions axiom in the solution of cooperative games[J]. Games and Economic Behavior, 1997, 20(2): 161-168.

[68] van den Brink R, Funaki Y. Axiomatizations of a class of equal surplus sharing solutions for TU-Games[J]. Theory and Decision, 2009, 67(3): 303-340.

[69] van den Brink R, Chun Y, Funaki Y, et al. Consistency, population solidarity, and egalitarian solutions for TU-games[J]. Theory and Decision, 2016, 81(3): 427-447.

[70] Sobolev A I. The functional equations that give the payoffs of the players in an n-person game[C]. In: Vilkas E (Ed). Advaces in game theory. Izdat "Mintis", Vilnius: 151-153. (in Russion)

[71] Namekata T, Driessen T S H. Reduced game property of the Egalitarian Non-k-Averaged Contribution (EN^{k}AC-) value and the Shapley value[J]. International Transactions in Operational Research, 2000, 7(4-5): 365-382.

[72] Kleinberg N L. A note on the Sobolev consistency of linear symmetric values[J]. Social Choice and Welfare, 2015, 44(4): 765-779.

[73] Hamiache G. Associated consistency and Shapley value[J]. International Journal of Game Theory, 2001, 30(2): 279-289.

[74] Kleinberg N L. A note on associated consistency and linear, symmetric values[J]. International Journal of Game Theory, 2017: 1-13.

[75] Hamiache G. A matrix approach to the associated consistency with an application to the Shapley value[J]. International Game Theory Review, 2010, 12(2): 175-187.

[76] Béal S, Rémila E, Solal P. Characterizations of three linear values for TU games by associated consistency: Simple proofs using the Jordan normal form[J]. International Game Theory Review, 2015, 18(1): 1650003(1-21).

[77] Li D F. Models and Methods for Interval-Valued Cooperative Games in Economic Management[M]. Switzerland: Springer International Publishing, 2016.

[78] Yokote K, Funaki Y, Kamijo Y. Coincidence of the Shapley value with other solutions satisfying covariance[J]. Mathematical Social Sciences, 2017, 89: 1-9.

[79] Radzik T, Driessen T. Modeling values for TU-games using generalized versions of consistency, standardness and the null player property[J]. Mathematical Methods of Operations Research, 2016, 83(2): 179-205.

[80] Béal S, Rémila E, Solal P. Preserving or removing special players: What keeps your payoff unchanged in TU-games?[J]. Mathematical Social Sciences, 2015, 73: 23-31.

[81] Xu G J, van den Brink R, van den Laan G, et al. Associated consistency characterization of two linear values for TU games by matrix approach[J]. Linear Algebra and Its Applications, 2015, 471: 224-240.

[82] Chun Y, Park B. Population solidarity, population fair-ranking, and the egalitarian value[J]. International Journal of Game Theory, 2012, 41(2): 255-270.

[83] Béal S, Casajus A, Huettner F, et al. Solidarity within a fixed community[J]. Economics Letters, 2014, 125(3): 440-443.

[84] Ferrières S. Nullified equal loss property and equal division values[J]. Theory and Decision, 2017, 83(3): 385-406.

[85] Joosten R. Dynamics, Equilibria and Values Dissertation[D]. Maastricht: Maastricht University, 1996.

[86] van den Brink R, Funaki Y, Ju Y. Reconciling marginalism with egalitarianism: Consistency, monotonicity, and implementation of egalitarian Shapley values[J]. Social Choice and Welfare, 2013, 40(3): 693-714.

[87] Maschler M, Peleg B. A characterization, existence proof and dimension bounds for the kernel of a game[J]. Pacific Journal of Mathematics, 1966, 18(2): 117-141.

[88] Casajus A, Huettner F. Weakly monotonic solutions for cooperative games[J]. Journal of Economic Theory, 2014, 154: 162-172.

[89] Calvo E, Gutiérrez-López E. A strategic approach for the discounted Shapley values[J]. Theory and Decision, 2016, 80(2): 271-293.

[90] Ju Y, Borm P, Ruys P. The consensus value: A new solution concept for cooperative games[J]. Social Choice and Welfare, 2007, 28(4): 685-703.

[91] Nowak A S, Radzik T. A solidarity value for n-person transferable utility games[J]. International Journal of Game Theory, 1994, 23(1): 43-48.

[92] Malawski M. "Procedural" values for cooperative games[J]. International Journal of Game Theory, 2013, 42(1): 305-324.

[93] Calvo E, Gutiérrez E. A value for cooperative games with a coalition structure[EB/OL]. https: //ideas.repec.org/p/dbe/wpaper/0311.html, 2011.

[94] Xu G, Dai H, Hou D, et al. A-potential function and a non-cooperative foundation for the Solidarity value[J]. Operations Research Letters, 2016, 44(1): 86-91.

[95] Calvo E. The Shapley-Solidarity value for games with a coalition structure[J]. International Game Theory Review, 2013, 15(1): 117-188.

[96] Shapley L S, Shubik M. A method for evaluating the distribution of power in a committee system[J]. American Political Science Review, 1954, 48(3): 787-792.

[97] Owen G. Multilinear extensions and the Banzhaf value[J]. Naval Research Logistics, 1975, 22: 741-750.

[98] Nowak A S. On an axiomatization of the Banzhaf value without the additivity axiom[J]. International Journal of Game Theory, 1997, 26(1): 137-141.

[99] Lehrer E. An axiomatization of the Banzhaf value[J]. International Journal of Game Theory, 1988, 17(2): 89-99.

[100] Grabisch M, Roubens M. An axiomatic approach to the concept of interaction among players in cooperative games[J]. International Journal of Game Theory, 1999, 28(4): 547-565.

[101] Alonso-Meijide J M, Carreras F, Fiestras-Janeiro M G, et al. A comparative axiomatic characterization of the Banzhaf-Owen coalitional value[J]. Decision Support Systems, 2007, 43(3): 701-712.

[102] Casajus A. Amalgamating players, symmetry, and the Banzhaf value[J]. International Journal of Game Theory, 2012, 41(3): 497-515.

[103] Casajus A. Marginality, differential marginality, and the Banzhaf value[J]. Theory and Decision, 2011, 71(3): 365-372.

[104] Haller H. Collusion properties of values[J]. International Journal of Game Theory, 1994, 23(3): 261-281.

[105] Sobolev A I. The characterization of optimality principles in cooperative games by functional equations[C]//Vorobjev N N (Ed). Mathematical Methods in the Social Sciences VI. Vilníus: Academy of Sciences of the Lithuanian SSR, 1975: 94-151. (In Russian)

[106] Schmeidler D. The nucleolus of a characteristic function game[J]. SIAM Journal on Applied Mathematics, 1969, 17(6): 1163-1170.

[107] Ruiz L M, Valenciano F, Zarzuelo J M. The least square prenucleolus and the least square nucleolus. Two values for TU games based on the excess vector[J]. International Journal of Game Theory, 1996, 25(1): 113-134.

[108] Arin J. Egalitarian distributions in coalitional models[J]. International Game Theory Review, 2007, 9(1): 47-57.

[109] Maschler M, Peleg B, Shapley L S. The kernel and bargaining set for convex games[J]. International Journal of Game Theory, 1971, 1(1): 73-93.

[110] Hammer P L, Holzman R. Approximations of pseudo-Boolean functions, applications to game theory[J]. Zeitschrift Für Operations Research, 1992, 36(1): 3-21.

[111] Alonso-Meijide J M, Álvarez-Mozos M, Fiestras-Janeiro M G. The least square nucleolus is a normalized Banzhaf value[J]. Optimization Letters, 2015, 9(7): 1393-1399.

[112] Tijs S H. Bounds of the core and the τ value[C]. In: Moeschlin O, Pallaschke D (Eds). Game Theory and Mathematical Economics. Amsterdam: North-Holland, 1981: 123-132.

[113] Bergantiños G, Massó J. Notes on a new compromise value: The χ-value[J]. Optimization, 1996, 38(3): 277-286.

[114] Sánchez-Soriano J. A note on compromise values[J]. Mathematical Methods of Operations Research, 2000, 51(3): 471-478.

[115] Driessen T, Tijs S H. The τ value, the nucleolus and the core for a subclass of games[J]. Methods of Operations Research, 1983, 46: 395-406.

[116] Tijs S H. An axiomatization of the τ value[J]. Mathematical Social Sciences, 1987, 13(13): 177-181.

[117] Driessen T S H. On the reduced game property for and the axiomatization of the τ-value of TU-games[J]. TOP, 1996, 4(1): 165-185.

[118] Ortmann K M. The proportional value for positive cooperative games[J]. Mathematical Methods of Operations Research, 2000, 51(2): 235-248.

[119] Vorob'ev N N, Liapounov A V. The proper Shapley value[A]//Petrosyan L, Mazalov M (Eds). Game Theory and Application IV. New York: Nova Science, 1998: 155-159.

[120] Khmelnitskaya A B, Driessen T S H. Semiproportional values for TU games[J]. Mathematical Methods of Operations Research, 2003, 57(3): 495-511.

[121] Aumann R J, Drèze J H. Cooperative games with coalition structures[J]. International Journal of Game Theory, 1974, 3(4): 217-237.

[122] Owen G. Values of games with a priori unions[A]//Henn R, Moeschlin O, Morgenstern O (Eds). Mathematical Economics and Game Theory[C]. Berlin: Springer-Verlag. 1977: 76-88.

[123] van den Brink R, van der Laan G. A class of consistent share functions for games in coalition structure[J]. Games and Economic Behavior, 2005, 51(1): 193-212.

[124] Hart S, Kurz M. Endogenous formation of coalitions[J]. Econometrica, 1983, 51(4): 1047-1064.

[125] Peleg B, Sudhölter P. Introduction to the Theory of Cooperative Games[M]. Berlin: Springer-Verlag, 2007.

[126] Albizuri J M, Zarzuelo J M. On coalitional semivalues[J]. Games and Economic Behavior, 2004, 49(2): 221-243.

[127] Khmelnitskaya A B, Yanovskaya E B. Owen coalitional value without additivity axiom[J]. Mathematical Methods of Operations Research, 2007, 66(2): 255-261.

[128] Casajus A. Another characterization of the Owen value without the additivity axiom[J]. Theory and Decision, 2010, 69(4): 523-536.

[129] Calvo E, Lasaga J J, Winter E. The priciple of balanced contributions and hierarchies of cooperation[J]. Mathematical Social Science, 1996, 31(3): 171-182.

[130] Amer R, Carreras F. Cooperation indices and coalitional value[J]. TOP, 1995, 3(1): 117-135.

[131] Lorenzo-Freire S. New characterizations of the Owen and Banzhaf-Owen values using the intracoalitional balanced contributions property[J]. TOP, 2017, (6): 1-22.

[132] Huettner F. A proportional value for cooperative games with a coalition structure[J]. Theory and Decision, 2015, 78(2): 273-287.

[133] Alonso-Meijide J M, Casas-Méndez B, González-Rueda A M, et al. The Owen and Banzhaf-Owen values revisited[J]. Optimization, 2015: 1-15.

[134] Hamiache G. A new axiomatization of the Owen value for games with coalition structures[J]. Mathematical Social Sciences, 1999, 37(3): 281-305.

[135] Hamiache G. The Owen Value values friendship[J]. International Journal of Game Theory, 2001, 29(4): 517-532.

[136] Winter E. The consistency and potential for values of games with coalition structure[J]. Games and Economic Behavior, 1989, 4(1): 132-144.

[137] Albizuri M J. Axiomatizations of the Owen value without efficiency[J]. Mathematical Social Sciences, 2008, 55(1): 78-89.

[138] Casajus A. The Shapley value, The Owen value, and the veil of ignorance[J]. International Game Theory Review, 2009, 11(4): 453-457.

[139] López S, Saboya M. On the relationship between Shapley and Owen values[J]. Central European Journal of Operations Research, 2009, 17(4): 415-423.

[140] Owen G. Modification of the Banzhaf-Coleman index for games with a priori unions[A]//Holler M J (Ed). Power, Voting, and Voting Power. Heidelberg: Physica-Verlag HD, 1982: 232-238.

[141] Alonso-Meijide J M, Casas-Méndez B, González-Rueda A M, et al. Axiomatic of the Shapley value of a game with a priori unions[J]. TOP, 2013, 22(2): 749-770.

[142] Laruelle A, Valenciano F. On the meaning of Owen-Banzhaf coalitional value in voting situations[J]. Theory and Decision, 2004, 56(1-2): 113-123.

[143] Amer R, Carreras F, Giménez J M. The modified Banzhaf value for games with coalition structure: An axiomatic characterization[J]. Mathematical Social Sciences, 2002, 43(1): 45-54.

[144] Alonso-Meijide J M, Fiestras-Janeiro M G. Modification of the Banzhaf value for games with a coalition structure[J]. Annals of Operations Research, 2002, 109(1-4): 213-227.

[145] Hu X F, Li D F. A new axiomatization of the Shapley-Solidarity value for games with a coalition structure[J]. Operations Research Letters, 2018, 46(2): 163-167.

[146] Kamijo Y. A two-step Shapley value for cooperative games with coalition structure[J]. International Game Theorem Review, 2009, 11(2): 207-214.

[147] Calvo E, Gutiérrez E. Solidarity in games with a coalition structure[J]. Mathematical Social Sciences, 2010, 60(3): 196-203.

[148] Kamijo Y. The collective value: A new solution for games with coalition structures[J]. TOP, 2013, 21(3): 572-589.

[149] Casas-Méndez B, García-Jurado I, van den Nouweland A, et al. An extension of the τ-value to games with coalition structures[J]. European Journal of Operational Research, 2003, 148(3): 494-513.

[150] Winter E. A value for cooperative games with levels structure of cooperation[J]. International Journal of Game Theory, 1989, 18(2): 227-240.

[151] Álvarez-Mozos M, Tejada O. Parallel characterizations of a generalized Shapley value and a generalized Banzhaf value for cooperative games with level structure of cooperation[J]. Decision Support Systems, 2011, 52(1): 21-27.

[152] Myerson R B. Graphs and cooperation in games[J]. Mathematics of Operations Research, 1977, 2(3): 225-229.

[153] Gómez-Rúa M, Vidal-Puga J. Balanced per capita contributions and level structure[J]. TOP, 2011, 19(1): 167-176.

[154] Curiel I, Maschler M, Tijs S H. Bankruptcy games[J]. Zeitschrift for Operations Research, 1987, 31(5): 143-159.

[155] Driessen T S H. Cooperative Games, Solutions and Applications[M]. Dordrecht: Kluwer Academic Publishers, 1988.